PODER NAVAL

DESAFIOS E DILEMAS

CB034592

Editora Appris Ltda.
1.ª Edição - Copyright© 2025 dos autores
Direitos de Edição Reservados à Editora Appris Ltda.

Nenhuma parte desta obra poderá ser utilizada indevidamente, sem estar de acordo com a Lei nº 9.610/98. Se incorreções forem encontradas, serão de exclusiva responsabilidade de seus organizadores. Foi realizado o Depósito Legal na Fundação Biblioteca Nacional, de acordo com as Leis nos 10.994, de 14/12/2004, e 12.192, de 14/01/2010.

Catalogação na Fonte
Elaborado por: Josefina A. S. Guedes
Bibliotecária CRB 9/870

N689p
2025
	Nigro, Antônio Alberto Marinho
	    Poder naval: desafios e dilemas / Antônio Alberto Marinho Nigro.
	– 1. ed. – Curitiba: Appris, 2025.
	    159 p.; 23 cm. – (Ciências sociais).
	
	    Inclui referências.
	    ISBN 978-65-250-7369-9
	
	    1. Segurança nacional – Brasil. 2. Poder Naval – Brasil.
	3. Estratégia Naval. 4. Segurança Internacional. I. Título. II. Série.
	
	                                              CDD – 359.42

Livro de acordo com a normalização técnica da ABNT

Appris editora

Editora e Livraria Appris Ltda.
Av. Manoel Ribas, 2265 – Mercês
Curitiba/PR – CEP: 80810-002
Tel. (41) 3156 - 4731
www.editoraappris.com.br

Printed in Brazil
Impresso no Brasil

ANTÔNIO ALBERTO MARINHO NIGRO

PODER NAVAL

DESAFIOS E DILEMAS

Appris
editora

Curitiba, PR
2025

FICHA TÉCNICA

EDITORIAL
Augusto Coelho
Sara C. de Andrade Coelho

COMITÊ EDITORIAL
Ana El Achkar (Universo/RJ)
Andréa Barbosa Gouveia (UFPR)
Antonio Evangelista de Souza Netto (PUC-SP)
Belinda Cunha (UFPB)
Délton Winter de Carvalho (FMP)
Edson da Silva (UFVJM)
Eliete Correia dos Santos (UEPB)
Erineu Foerste (Ufes)
Fabiano Santos (UERJ-IESP)
Francinete Fernandes de Sousa (UEPB)
Francisco Carlos Duarte (PUCPR)
Francisco de Assis (Fiam-Faam-SP-Brasil)
Gláucia Figueiredo (UNIPAMPA/ UDELAR)
Jacques de Lima Ferreira (UNOESC)
Jean Carlos Gonçalves (UFPR)
José Wálter Nunes (UnB)
Junia de Vilhena (PUC-RIO)
Lucas Mesquita (UNILA)
Márcia Gonçalves (Unitau)
Maria Margarida de Andrade (Umack)
Marilda A. Behrens (PUCPR)
Marília Andrade Torales Campos (UFPR)
Marli C. de Andrade
Patrícia L. Torres (PUCPR)
Paula Costa Mosca Macedo (UNIFESP)
Ramon Blanco (UNILA)
Roberta Ecleide Kelly (NEPE)
Roque Ismael da Costa Güllich (UFFS)
Sergio Gomes (UFRJ)
Tiago Gagliano Pinto Alberto (PUCPR)
Toni Reis (UP)
Valdomiro de Oliveira (UFPR)

SUPERVISORA EDITORIAL
Renata C. Lopes

PRODUÇÃO EDITORIAL
Daniela Nazario

REVISÃO
J. Vanderlei

DIAGRAMAÇÃO
Bruno Ferreira Nascimento

CAPA
Kananda Ferreira

REVISÃO DE PROVA
Alice Ramos

COMITÊ CIENTÍFICO DA COLEÇÃO CIÊNCIAS SOCIAIS

DIREÇÃO CIENTÍFICA
Fabiano Santos (UERJ-IESP)

CONSULTORES
Alícia Ferreira Gonçalves (UFPB)
Artur Perrusi (UFPB)
Carlos Xavier de Azevedo Netto (UFPB)
Charles Pessanha (UFRJ)
Flávio Munhoz Sofiati (UFG)
Elisandro Pires Frigo (UFPR-Palotina)
Gabriel Augusto Miranda Setti (UnB)
Helcimara de Souza Telles (UFMG)
Iraneide Soares da Silva (UFC-UFPI)
João Feres Junior (Uerj)
Jordão Horta Nunes (UFG)
José Henrique Artigas de Godoy (UFPB)
Josilene Pinheiro Mariz (UFCG)
Leticia Andrade (UEMS)
Luiz Gonzaga Teixeira (USP)
Marcelo Almeida Peloggio (UFC)
Maurício Novaes Souza (IF Sudeste-MG)
Michelle Sato Frigo (UFPR-Palotina)
Revalino Freitas (UFG)
Simone Wolff (UEL)

Temos sido dominados mais pelo engano do que pela força.

(Simón Bolívar)

AGRADECIMENTOS

Ao meu orientador, o estimado professor Eurico de Lima Figueiredo, pelo incentivo e exemplo republicano na tarefa de direcionar a minha abordagem ao tema da pesquisa. Sua abnegação e conhecimentos compartilhados traduzem a sabedoria acumulada, por dezenas de anos na vida acadêmica, e o patriotismo contagiante, indispensável a todo cidadão.

Estendo meus agradecimentos aos professores do Programa de Pós-Graduação INEST cujos ensinamentos, direta ou indiretamente, fazem parte também deste trabalho: Adriano de Freixo, André Varella, Eduardo Heleno de Jesus Santos, Thiago Rodrigues, Vágner Camilo Alves e Vitelio Brustolin. O doutorando Alexandre Violante foi, a um só tempo, colega e mestre durante o curso de mestrado. Ao Sr. Thiago Cunha, secretário do Instituto, pela cordialidade e invariável competência no apoio administrativo. Não posso deixar de agradecer também ao professor titular aposentado da Universidade Federal de São Carlos, Prof. João Roberto Martins Filho, e ao Prof. Eduardo Heleno, integrantes da comissão examinadora da minha dissertação os quais contribuíram, com suas lúcidas e pertinentes observações, para o aperfeiçoamento do meu trabalho.

Da mesma forma, aos almirantes-de-esquadra Mauro César Rodrigues Pereira, ex-ministro da Marinha, Roberto de Guimarães Carvalho, Eduardo Bacellar Leal Ferreira e Ilques Barbosa Júnior, ex-comandantes da Marinha pelas entrevistas concedidas e detalhes adicionais.

Aos colegas da turma de mestrado 2021 do INEST/UFF, pelo conhecimento compartilhado e colaboração ao trabalho de pesquisa realizado, os meus especiais agradecimentos. Em particular à Juliana Zaniboni de Assunção, Karime Ahmad Borraschi Cheaito e João Gabriel Pestana Carreiro.

À equipe da Editora Appris, pelo apoio na adaptação do texto original acadêmico para o formato adequado aos requisitos editoriais e, portanto, agradável aos leitores. Notadamente ao senhor Augusto Coelho e às senhoras Míriam Gomes e Milene Salles, pela paciência dispensada ao autor nesse processo.

Para Celminha, minha mulher,

Tereza e Antônio, meus filhos, e

Ana Beatriz, Ana Carolina e João Pedro, meus netos.

PREFÁCIO

Há, na vida dos países, a presença de uma necessária dialética, uma espécie de conversa consigo mesmo. Por um lado, o olhar para dentro, a busca da autocompreensão. De sua história, de sua identidade, de seus conflitos e consensos, de suas conquistas e desafios. Por outro, o olhar para fora, a necessidade de se situar entre seus vizinhos mais próximos e distantes, a procura pela melhor inserção na região em que se localiza, a demanda por melhor se posicionar na trama vivida e sentida do mundo do qual faz parte. Nos países que ganharam maior projeção econômica, política e militar, tal diálogo ganha tamanha complexidade que as dimensões internas e externas referem-se umas às outras e, em muitos aspectos, são mesmo indissociáveis, como no caso dos Estados Unidos e de outros que ganham maior protagonismo internacional. Ao contrário, naqueles países menos aquinhoados pela fortuna, o mundo que os cerca é impositivo, os graus de autonomia são bastantes restritos, os problemas internos os fazem, tantas vezes, ficarem mergulhados em si mesmos. Neles, em geral, quando as Forças Armadas logram algum grau de institucionalização, os militares fazem parte da equação política, envolvem-se nas malhas do poder, podem ser chamadas ou obrigadas a cumprir funções policiais, experimentam cisões internas, quando não mesmo se digladiam entre si. Neles, o grau de autonomia em relação ao mundo externo é baixo, não raro ficando ao sabor das disputas entre as grandes potências.

Um país como o Brasil não se inscreve nem no primeiro grupo, nem no segundo. Trata-se de uma potência média com características próprias. Localizando-se em uma das regiões mais pacíficas do globo terrestre, não é, entretanto, uma ilha isolada das vicissitudes geoestratégicas e geopolíticas. Habita um planeta convulsionado pelo conflito entre grandes interesses que, não raramente, ganham expressão bélica. Somente no primeiro quartel deste século centenas de milhares de militares e civis sucumbiram pela força das guerras, revoluções, convulsões e confrontos armados. É um país que tem de se pensar em um ambiente internacional vulnerável, instável e ambíguo, mas no qual tem interesses próprios a resguardar e precisa ter meios e condições para, no exercício de sua soberania, exercer índices críveis de autonomia.

É em tal contexto reflexivo que se deve buscar melhor enquadramento das relações entre o Brasil e a sua Marinha. Oceanos e mares interligam países, mas são também palcos de conflitos ao longo da história. Rios e seus afluentes formam malhas hidroviárias que tanto servem à integração nacional como podem gerar antagonismos com territórios limítrofes. Pela via marítima se dá a maior parte do intercâmbio comercial entre as nações. Nas superfícies e profundezas dos oceanos, mares e rios encontram-se riquezas submersas que, ou já estão sendo exploradas, ou poderão o ser no futuro. É pelo mar que, em caso de fracasso diplomático, poderão chegar ameaças de todas as espécies capazes de afetar, com maior ou menor dano, as populações que ocupam os espaços nacionais. Nessas circunstâncias, os objetivos e interesses nacionais precisam ser guardados face a pretensões potencialmente hostis; requerem um pensamento estratégico a curto, médio e longo prazos. Uma das mais complexas exigências está na previsão de modos e meios suficientes para dissuadir eventuais ameaças que contrariem as conveniências nacionais.

Este livro, do Almirante Antônio Alberto Marinho Nigro, lança instigante inspeção crítica sobre o poder naval brasileiro no século XXI, localizando seu universo de pesquisa entre 2008, quando ocorreu a publicação da Estratégia Nacional de Defesa (END), e 2020, ano da edição do Plano Estratégico da Marinha (PEM, 2020/2040). A Estratégia Naval no Brasil, tradicionalmente, tem assumido duas acepções, o _emprego_ e o _preparo_ do poder naval. A primeira acepção diz respeito à aplicação prática dos meios existentes e tem caráter eminentemente operacional. A segunda se relaciona com a _concepção_ do poder naval, com seu _preparo_ tendo em vista seu _emprego_ em um futuro verossímil. É neste segundo sentido – o do _preparo do poder naval_ – que o autor concentra suas análises.

Trata-se de complexo empreendimento intelectual que busca prever, a partir do presente, um futuro plausível, sabendo-se que nenhuma guerra é igual a precedente e que há sempre de se supor a imprevisibilidade das conjunturas político-estratégicas emergentes. Tais complicadores, entretanto, não devem inibir o planejamento do poder naval. O enfoque estratégico, além de se assentar na experiência histórica em geral, mas principalmente na história de cada país onde se propõe o planejamento, precisa levar em consideração os fatos e evidências da conjuntura em que se situa. Por um lado, o planejamento serve como ponte entre o presente conhecido e o futuro desejado; por outro, deve ser capaz de ser repensado e reorientado em função da dialética das circunstâncias.

O autor lastreou suas análises em fontes primárias, cumpriu exame bibliográfico de atualizada literatura citada no livro, realizou entrevistas com lideranças que ocuparam importantes postos nos mecanismos de tomada de decisão da Marinha do Brasil. Procurou desenvolver sua argumentação a partir da moldura teórica proposta por dois professores da Escola de Guerra Naval dos EUA – P. H. Liotta e Richmond M. Lloyd – que, em 2005, publicaram na *Naval War College Review* o artigo "From Here to There – The Strategy and Force Planning Framework". O trabalho consubstanciou a dissertação de mestrado apresentada no Instituto de Estudos Estratégicos da Universidade Federal Fluminense, o INEST/UFF, e, agora, ganha a forma de livro, tendo sofrido as necessárias adequações.

As conclusões do seu trabalho não são otimistas. Tendo ressaltado que o *preparo* do poder naval brasileiro tem se processado de maneira *"espasmódica* e *improvisadamente,* por meio de aquisições de oportunidade, ao sabor de conjunturas internas e externas e voltada para o emprego imediato dos meios adquiridos"*, o autor chegou a duas principais conclusões. A primeira é que o Brasil "se encontra despreparado para contar com Poder Naval crível no século XXI" e a segunda é que "os responsáveis pela sua formulação, autoridades civis e militares, não contam com instrumental teórico capaz de reverter tal situação." Seu alerta final não deixa de ser assustador para um país com as dimensões do Brasil e que se perfila entre as dez maiores economias do mundo: a **Esquadra de 2040 poderá ser constituída por apenas nove navios**, sendo estes cinco submarinos e quatro fragatas" (grifos no original). Esta Força Naval não estará capacitada, nem quantitativa nem qualitativamente, para cumprir e resguardar os mínimos interesses e objetivos nacionais. Restará o doutrinarismo retórico, idealista, divorciado das imperiosas necessidades reais do país.

A rigor, a questão orçamentária – sempre limitadora dos planejamentos militares – é somente em parte de ordem econômica, em um país marcado por grandes carências sociais de toda sorte. Ela é igualmente de ordem política, pois depende de como o poder político, em uma democracia, entende e decide sobre a força militar que não se tem, se precisa e, afinal, se quer. Outros países de porte econômico comparável ao brasileiro e com questões sociais similares ou ainda de maior monta – como a Índia, a Rússia e a Turquia – produziram estratégias holísticas em que se persegue aquilo que a Estratégia Nacional de Defesa declarou, mas jamais se implementou o desenvolvimento como motor da defesa e a defesa como escudo protetor do desenvolvimento. O devido equacionamento passa pela fixação das Forças Armadas no seu devido e complexo papel na República brasileira: o preparo para a defesa da soberania do país como instituição estritamente profissional.

Resistindo à tentação academicista, o autor juntou ao seu trabalho substancial Apêndice. Nele encontram-se sugestões e indicações que, objetivamente, podem servir para o embasamento de políticas e decisões relativas a melhor montagem do preparo do poder naval brasileiro nas próximas décadas. Tal contribuição resulta não só da experiência de um oficial-general que cumpriu brilhante trajetória profissional em mais de 40 anos de serviço ativo, mas também de árduo e contínuo preparo intelectual, no Brasil e no exterior. Tendo obtido sua titulação de mestre em Estudos Estratégicos em uma instituição federal de ensino e pesquisa, a excelência do trabalho fica à disposição do público leitor. Nesse sentido é oportuno observar a importância da cooperação civil-militar na constituição de um complexo acadêmico de defesa. O trabalho acadêmico, em bases sistemáticas e empiricamente amparado, pode e deve servir como manancial de reflexões para a formulação da política externa e de defesa, no caso o *preparo* da Marinha do Brasil. Não há exemplos de países com aspirações de protagonismo no cenário internacional que possam prescindir de tal complexo processo, alicerçado em bases de mútua confiança, lealdade e espírito cooperativo. Decisões de mais alto nível serão sempre melhor fundamentadas quanto maior for o cabedal de saberes disponíveis. Por isso mesmo, no périplo rumo à modernidade, sabem os grandes que conhecimento é poder.

Rio de Janeiro, novembro de 2024.

Eurico de Lima Figueiredo

Professor emérito da Universidade Federal Fluminense

LISTA DE ABREVIATURAS E SIGLAS

A2/AD Anti-Access / Area Denial, em Inglês. Dificultar o Acesso/Negar o Uso de áreas marítimas, em Português

Abin Agência Brasileira de Inteligência

AED Ação Estratégica de Defesa

AEN Ação Estratégica Naval

Amasa Área Marítima Sul-Atlântica Africana

Amsasa Área Marítima Sul-Atlântica Sul-Americana

AOR Área de Responsabilidade. Sigla em inglês para Area of Responsability

Brics Brasil, Rússia, Índia, China e África do Sul (South Africa)

CA Corpo da Armada

CDS Comando de Defesa do Sul

CFN Corpo de Fuzileiros Navais

CF/88 Constituição Federal de 1988

CIM Corpo de Intendência da Marinha

Comdabra Comando da Defesa Aeroespacial Brasileira

CV Corveta

C² Comando e Controle

DBM Doutrina Básica da Marinha

Defbnqr Defesa Biológica, Nuclear, Química e Radiológica

DMD Doutrina Militar de Defesa

DMN Doutrina Militar Naval

Dnog Divisão Naval de Operações de Guerra

DOC Doutrina de Operações Conjuntas

Eceme Escola de Comando e Estado Maior do Exército

Edcg Embarcação de Desembarque de Carga Geral

Edsa Escola de Defesa Sul-Americana

EGN Escola de Guerra Naval

EMA	Estado-Maior da Armada
END/20	Estratégia Nacional de Defesa versão 2020
ESG	Escola Superior de Guerra
FA	Forças Armadas
FEB	Força Expedicionária Brasileira
Inest/Uff	Instituto de Estudos Estratégicos da Universidade Federal Fluminense
JID	Junta Interamericana de Defesa
Lbdn	Livro Branco da Defesa Nacional
LVD	Livro Verde da Defesa
Manaer	Míssil Antinavio Ar-Superfície
Mansup	Míssil Antinavio Superfície-Superfície
MAP	Military Assistance Program
MB	Marinha do Brasil
MD	Ministério da Defesa
Mercosul	Mercado Comum do Sul
NAe	Navio Aeródromo (porta-aviões)
Naplog	Navio de Apoio Logístico
Napaoc	Navio Patrulha Oceânico
NCM	Navio de Contramedidas de Minagem
Ndcc	Navio Desembarque de Carros de Combate
NDM	Navio Desembarque Multipropósito
NE	Navio Escola
NT	Navio Tanque
Ntrt	Navio Transporte de Tropa
NV	Navio Varredor
Obnav	Objetivo Naval
OEA	Organização dos Estados Americanos
ONU	Organização das Nações Unidas
Otan	Organização do Tratado do Atlântico Norte
P&D	Pesquisa e Desenvolvimento

PEM	Plano Estratégico da Marinha
Pfct	Programa Fragatas Classe Tamandaré
PHM	Porta-Helicópteros Multipropósito
PMD	Política Militar de Defesa
PMN/21	Política Marítima Nacional versão 2021
PN/20	Política Naval versão 2020
PND/20	Política Nacional de Defesa versão 2020
PNM	Programa Nuclear da Marinha
PPM	Processo de Planejamento Militar
Proadsumus	Programa de obtenção de meios para o aprestamento do CFN
Proantar	Programa Antártico Brasileiro
Pronapa	Programa de Navios Patrulha
Prosub	Programa de Submarinos
SBR	Submarino convencional com propulsão diesel-elétrica brasileiro
Secirm	Secretaria Interministerial de Recursos do Mar
Sinde	Sistema de Inteligência de Defesa
Sisbin	Sistema Brasileiro de Inteligência
Sisceab	Sistema de Controle do Espaço Aéreo Brasileiro
Sisgaaz	Sistema de Gerenciamento da Amazônia Azul
Sivam	Sistema de Vigilância da Amazônia
Stupi	Submarino convencional com propulsão diesel-elétrica da Classe TUPI
Snbr	Submarino convencional com propulsão nuclear brasileiro
Tiar	Tratado Interamericano de Assistência Recíproca
TOM	Teatro de Operações Marítimo
TOT	Teatro de Operações Terrestre
Ufrj	Universidade Federal do Rio de Janeiro
Unasul	União das Nações da América do Sul
Unifa	Universidade da Força Aérea
Urss	ex-União das Repúblicas Socialistas Soviéticas
USN	United States Navy

Vant Veículo Aéreo Não Tripulado

ZEE Zona Econômica Exclusiva

Zopacas Zona de Paz e Cooperação do Atlântico Sul

SUMÁRIO

INTRODUÇÃO...21

CAPÍTULO I
CONDICIONANTES NACIONAIS 33
A Retórica Institucional da Defesa 41
Condicionantes para o preparo do Poder Naval................................... 49
Conclusões Parciais 63

CAPÍTULO II
FUNDAMENTOS TEÓRICOS 67
Pensadores Navais 69
Processos de Planejamentos Militar e Civil-Militar 80
Estratégia e Preparo da Defesa... 85
Estratégia e Preparo de Força 91
Conclusões Parciais 95

CAPÍTULO III
PREPARO DO PODER NAVAL 97
Travessia da Ponte Estratégica Naval 102
Respostas Aceitáveis 123
Ponto de Chegada.. 128
Conclusões Parciais 132

CONCLUSÃO..135

REFERÊNCIAS... 139

APÊNDICE 149

ANEXO
ENTREVISTA DO ALMIRANTE MAURO CÉSAR RODRIGUES PEREIRA
EX – MINISTRO DA MARINHA..155

INTRODUÇÃO

O expansionismo marítimo de Portugal em busca de território e especiarias foi, principalmente, motivado pela interrupção do uso do Mediterrâneo oriental como via de transporte marítimo, sobretudo após a conquista de Constantinopla pelos otomanos, em 1453. Portugal distinguiu-se, entre outras nações, pela sua autonomia, fruto da antecipada unificação, e expandiu suas navegações à procura de uma rota marítima para as Índias. Assim, concluiu-se o périplo africano, e culminou com a chegada de Vasco da Gama à Calicute, em 1498. A intensa, metódica e rendosa empresa do comércio de ultramar incentivou a expansão e as conquistas. Segundo Nelson Werneck Sodré, "a descoberta do Brasil, e a necessidade de preservá-lo da investida de concorrentes, coloca um problema que o grupo mercantil português não estava em condições de resolver" (SODRÉ, 1979, p. 15). Faltavam-lhes recursos, tanto materiais, como humanos. E mais, pode-se adendar, experiência acumulada, principalmente em termos de logística e capacitação administrativa de sua burocracia, que teria de adquirir escopo global, no mundo novo que as grandes navegações iam desbravando.[1]

O comércio altamente lucrativo com a Índia não incentivava a Coroa nem particulares portugueses a reunir capital e pessoas para colonizar o novo território. Entre 1500 e 1533 franceses e espanhóis visitaram a costa brasileira para explorar o pau-brasil (ALMEIDA, 2006). Seguiram-se as expedições guarda-costas e iniciou-se lenta, mas progressivamente, o povoamento do litoral. O que era a Colônia daquela época vinculava-se ao comércio exterior e seria a partir da costa marítima que o país em formação, tal como que o conhecemos hoje, constituiria suas bases de expansão não só rumo ao exterior, como seria também, a partir delas, que se daria a marcha rumo à ocupação do vasto território a ser conquistado. Tarefa

---

[1] O autor é Oficial-General da Marinha do Brasil onde chegou ao posto de Contra-Almirante, tendo sido reformado após 41 anos de Serviço Ativo, em 2006. Está ciente das questões metodológicas que tal situação suscita, do ponto de vista ontológico e epistemológico, envolvendo as querelas entre neutralidade e objetividade. Se a própria escolha do objeto de análise por parte de sujeito cognoscente já revela, em si, preferências subjetivas e mesmo ideológicas, o treinamento científico permite a aquisição, através da ascese teórica e metodológica, o necessário *detachment* do pesquisador, que deve ser capaz de enunciar os vetores teóricos e metodológicos que orientam o levantamento de suas hipóteses e necessária demonstração empírica (Cf. FIGUEIREDO, 1979, p. 67-74).

que demandaria séculos de ação perseverante da Coroa portuguesa. Seria somente no século XX que o país atingiria sua atual dimensão territorial.[2]

Não cabe reconstituir, aqui, o complexo processo de constituição geográfica do país, objeto de uma longa bibliografia que, inclusive, vem se expandindo a partir de conhecimentos propiciados por métodos e fontes descortinados pelas novas gerações de historiadores e geógrafos brasileiros. [3] Se o Tratado de Tordesilhas, em 1494, entre Portugal e Espanha, anterior à chegada dos exploradores portugueses ao que hoje se conhece como Brasil, já estabelecia a área que caberia aos colonizadores lusitanos, a fisionomia mais próxima do que hoje se reconhece como o território brasileiro, só ocorreria três séculos depois, com o Tratado de Madrid, em 1750. Mas o que cabe aqui ressaltar é que a preocupação maior da Metrópole, no que dizia respeito à ocupação do interior do território, se dava de *costas para o mar*. No entanto, apesar dessa situação, o país dependia visceralmente da via marítima para os produtos que exportava e importava e davam sustentação e razão de ser à economia local.[4]

O Brasil foi colonizado por uma das potências mundiais daqueles tempos, mas que contava com recursos econômicos e humanos limitados, igualmente enquanto empenhadas pelas conquistas ultramarinas. O Reino de Portugal, em vez de procurar entrar em conflitos com potências rivais da Europa, o que poderia levar ao seu esfacelamento político, procurou crescer para fora, expandindo seus interesses na África e na Ásia. Suas elites, entretanto, mostraram-se avessas às reformas políticas que despontavam no Reino Unido já no século XVII e que levaram este país à prosperidade crescente, enquanto Portugal, nos séculos seguintes, iria enfrentar problemas de índole variável que limitavam seu crescimento econômico (COSTA, 2009).

As elites dirigentes lusitanas enfrentaram, no Brasil, um dilema não resolvido. Por um lado, era preciso conquistar e ocupar uma vasta massa territorial (uma das maiores do mundo); e, por outro, fazia-se necessário contar com um poder naval que pudesse proteger não só as costas da sua colônia, mas também o fluxo dos seus interesses comerciais por via marí-

---

[2] Os contornos atuais do território brasileiro só ganharam limites definitivos nas primeiras décadas do período republicano. Foi somente em 8 de setembro de 1909, graças às ações diplomáticas do Barão do Rio Branco, que o Acre o foi integrado politicamente e juridicamente ao território brasileiro.

[3] Cf. por exemplo, do ponto de vista do objeto desta investigação, a coletânea *História Militar, Novos Caminhos e Novas abordagens* organizada por Rodrigues, Fenando S.; Ferraz, F. e Pinto; Surama, Conde de Sá, 2015.

[4] Abrangente e detalhada da ocupação portuguesa do novo território está em COSTA, 2009, p. 189-227.

tima. Não foram capazes de, *"consistente e coerentemente,* ditar estratégias e políticas que resolvessem o dilema de maneira satisfatória" (VIANNA, 1977, p. 373). Assim, de uma parte, optou-se por ocupar o Brasil, mas sem, de outra parte, criar condições para contar com uma Armada que protegesse o transporte marítimo das riquezas aqui produzidas, mesmo após a Independência. Há de se apontar aqui, a hipótese de que estaria nesse impasse mal resolvido uma das causas do não desenvolvimento de uma mentalidade marítima entre os brasileiros.

Seja lá como for, entretanto, de um modo ou de outro, as elites lusitanas mostraram-se suficientemente capazes de expandir e manter o território brasileiro e preservar suas linhas comerciais baseadas nas teorias mercantilistas[5], pelo menos em grande parte dos chamados "tempos modernos" (1453/1789)[6], com o apoio das Marinhas de Portugal e do Reino Unido, esta última especialmente a partir do século XIX. Tal dilema foi herdado pela classe política brasileira[7] após a Independência do Brasil. Este dilema, ainda não resolvido ("desenvolvimento para dentro" ou "desenvolvimento para fora"), resultou na ausência de decisões que visassem o incentivo à formação, como já assinalado acima, de uma "mentalidade marítima" nos brasileiros[8]. Em suma, faltou tanto às elites lusitanas, até a Independência, como às brasileiras, depois do rompimento político com Portugal, uma compreensão holística que, a um só tempo, colocasse em prática uma Estratégia de desenvolvimento que compatibilizasse a necessidade de alavancar o crescimento econômico do país com a proteção de seu comércio exterior e dos seus interesses e objetivos na cena internacional, por intermédio de um Poder Naval ancorado nas capacitações e interesses nacionais.

A Armada Imperial nasceu com a Independência e de maneira *improvisada.* A primeira Esquadra brasileira foi constituída por navios

---

[5] Teoria e sistema de economia política, dominantes na Europa após o declínio do feudalismo, com base no acúmulo de divisas em metais preciosos pelo Estado via um comércio exterior de caráter protecionista.

[6] O autor está ciente de que a expressão "tempos modernos" pode ser considerada como mera convenção que, aliás, não é consensual entre os historiadores. Serve, entretanto, para demarcar, temporalmente, uma época que se distingue de outras, como a chamada "idade medieval" que teria tido vigência entre 476 e 1453. Cf. Anderson 2016-A e 2016-B.

[7] A expressão "classe política" não guarda, aqui, qualquer correspondência com os conceitos de classe conforme formulados por Marx e Weber. É usado no sentido dado por Gaetano Mosca, classe política ou classe dirigente é aquela que "executa todas as funções políticas, monopoliza o poder e goza das vantagens que lhe estão associadas" (MOSCA E BOUTHOUL, 1985, p. 35/36).

[8] Marinho é tudo aquilo que vem do mar. Marítimo é aquilo que é modificado no mar, é o que deriva da ação do homem no mar (MARRONI,2016).

portugueses surtos no porto do Rio de Janeiro: uma nau, três fragatas, duas corvetas e três brigues, mais os navios mercantes adquiridos por subscrição popular em janeiro de 1823 (VIDIGAL, 1985). Em seguida, a Esquadra foi sucessivamente empregada na Guerra da Independência; na Campanha da Cisplatina; na tentativa de neutralizar a ação direta da Marinha Britânica no Atlântico Sul; nos enfrentamentos contra Oribe e Rosas; e na Guerra da Tríplice Aliança.

A partir da Campanha Cisplatina, a dimensão do Poder Naval se restringia a buscar paridade com a Marinha da Argentina, com o propósito de impedir que o Governo de Buenos Aires restabelecesse o antigo Vice-Reinado do Prata reintegrando à nova República Platina o Uruguai e o Paraguai. Este era o principal objetivo da política externa do Império. Ao mesmo tempo, a projeção estratégica da Grã-Bretanha sobre a América do Sul, mais precisamente sobre o Prata e a Amazônia não era indiferente aos formuladores da política externa do país (ALSINA JR., 2015).

Nesse período, as iniciativas do Barão de Mauá na construção naval, nas finanças e nas estradas de ferro estabeleceram um conglomerado que poderia reunir as condições para estabelecer os fundamentos de um poder marítimo e naval no Brasil. As resistências internacional e nacional impediram a consolidação desse conglomerado e a formulação de uma consciência marítima no país (CALDEIRA, 1995).

O patrono da diplomacia brasileira, o Barão do Rio Branco, prestou um decisivo apoio à Marinha, junto ao Congresso, para a (re)constituição do Poder Naval ao defender o Programa Naval de 1906, o qual tinha como corpo principal os encouraçados a vapor (tipo *Dreadnought*)[9] o "Minas Gerais" e o "São Paulo", adquiridos por oportunidade, novos e no estado da arte (ALSINA JR., 2015). João Roberto Martins Filho reconstituiu, com rigor de farta documentação, além de apurado vigor analítico, o contexto histórico, as polêmicas estratégicas a respeito do Poder Naval na passagem do século XIX para o século XX, e o papel das principais personalidades políticas e militares nos debates referentes à situação da Marinha.[10] O Poder Naval fundamentado na Esquadra de 1910 ruiu com a Revolta da Chibata, no mesmo ano (BRAGA, 2010).

---

[9] Novo tipo de encouraçado desenvolvido no Reino Unido e adquirido pelo Brasil. Sobre o assunto, o melhor trabalho é o de Martins Filho (2010).

[10] "Nossos historiadores navais foram unânimes num diagnóstico: no final do século XIX a Marinha estava em petição de miséria". (Martins Filho, 2010, p. 45).

A entrada do Brasil na Primeira Guerra Mundial resultou da combinação de complexos fatores - tanto de natureza interna quanto externa - que escapam às finalidades primordiais deste trabalho.[11] O desenrolar dos acontecimentos nas frentes de batalha, entretanto, mostrou o que já se podia supor de antemão: a Marinha não dispunha de equipamento, pessoal devidamente preparado e meios logísticos para participar ativa e decisivamente em uma guerra de alta intensidade travada entre os países mais poderosos do mundo. A força naval brasileira enviada para o teatro de operações, a chamada Divisão Naval de Operações de Guerra (Dnog), montada a "toque de caixa" especificamente para atender à missão de patrulhamento do Oceano Atlântico, atuou sob comando britânico no litoral noroeste da África, entre Dakar e Gibraltar, de agosto a novembro de 1918, sem protagonismo maior.[12] Era o que a "nação dispunha para sair da retórica e demonstrar com espada na mão a evolução de nossa política externa" (VIANNA FILHO, 1995, p. 48).

A Dnog foi composta por "dois cruzadores, cinco contratorpedeiros, um navio auxiliar e um rebocador, sob o comando do Contra-Almirante Pedro Max Fernando de Frontin" (ARARIPE, 2006, p. 343). Sua principal tarefa era proteger o tráfego marítimo aliado contra os submarinos alemães em uma área marítima compreendida entre Dakar, no Senegal, e Gibraltar, na entrada do Mediterrâneo, com subordinação operacional ao Almirantado Britânico. (ALMEIDA, 2006).

A Segunda Guerra Mundial apanhou a Marinha, mais uma vez, totalmente despreparada. A Armada operava com as tripulações treinadas para operarem os navios adquiridos em 1910, enquanto as principais orientações de uso estratégico do Poder Naval "visavam a proteção das comunicações costeiras, o resguardo do litoral contra possíveis intensões hostis e a contenção da Marinha argentina." (ALMEIDA, 2023, p. 96). Sem o apoio da Marinha dos Estados Unidos da América (EUA), a Marinha do Brasil não teria conseguido obter condições de conduzir ações antis-submarino (NIGRO, 2017). Não se pode, entretanto, deixar de se atentar para o paradoxo: o alto poder político dos militares nos corredores do

---

[11] O trabalho pioneiro – mais extenso e seminal sobre o envolvimento do Brasil na Primeira Guerra Mundial – encontra-se em Vinhosa, 2010.

[12] Para a atuação da DNOG ver MAIA, Prado - *DNOG: uma página esquecida da história da Marinha Brasileira*, Rio de Janeiro: Serviço de Documentação Geral da Marinha, 1961, MAIA, Prado - "DNOG: uma página esquecida de nossa história" *In: Simpósio sobre a participação do Brasil na Primeira Guerra Mundial*. Rio de Janeiro: Serviço de Documentação Geral da Marinha, 1975.

Estado e a baixa profissionalização destes, em países como o Brasil, nos anos 1930/1940.

No decorrer e ao fim da Segunda Guerra Mundial, o Brasil obteve meios navais por compra de oportunidade ou empréstimo de unidades usadas, a caminho da obsolescência, notadamente dos EUA. A lição apreendida ao início da Segunda Guerra Mundial, com a falta de meios antissubmarino, incentivou a aquisição do ex-HMS *Vengeance* da Inglaterra, em 1956, modernizado na Holanda e incorporado à Marinha do Brasil, em 1960, com o nome de *Minas Gerais*. O navio passou a servir como núcleo de um grupo de caça e destruição de submarinos, já no ambiente da Guerra Fria. Na mesma década de 1950, foram construídos quatro navios de transporte de tropas no Japão, da classe Custódio de Mello, e incorporados à Armada. Até então, o Brasil não tinha a capacidade de transportar tropas por via marítima. Na II Guerra Mundial, os efetivos da Força Expedicionária Brasileira (FEB) foram transportados por navios da Marinha dos EUA (USN, sigla de *United States Navy*).

Nos anos 1970, evidenciou-se um esforço para modernizar parte da Esquadra, com a construção, no Reino Unido, de três submarinos Classe Oberon - hoje já descomissionados - e de quatro Fragatas Classe Niterói, e, posteriormente, mais duas no Brasil, para substituírem unidades de escolta obsoletas e desgastadas pelo uso. Cinco dessas fragatas permanecem, ainda hoje, no Serviço Ativo da Armada (*sic*). Das seis fragatas, quatro eram Antissubmarino (A/S) e duas eram de Emprego Geral (E/G).[13]

Em 1999, o Brasil adquiriu da França, também por oportunidade, o porta-aviões *São Paulo* para operar com os aviões de caça e ataque AF-1, jatos aeronavais de alta performance, também adquiridos, por oportunidade, do Kuwait. Nas primeiras décadas do século XXI, as aquisições por oportunidade do Navio de Desembarque Multipropósito *Bahia* e do Porta-Helicópteros *Atlântico* deram continuidade ao aprestamento do Poder Naval.

O Programa de Submarinos (Prosub), iniciado a partir do final da primeira década do século XXI, mas planejado pela Marinha desde os anos de 1970, é um projeto parcial de força naval, limitado à negação do uso do mar por meio de submarinos convencionais de propulsão diesel-elétrica e convencionais com propulsão nuclear. Na mesma época, foi continuada a

---

[13] A primeira fragata de emprego geral foi a *Constituição*, a qual acompanhei o seu recebimento e fiz parte da sua primeira tripulação. Cf. nota (1), retro.

construção e a aquisição por oportunidade de navios patrulha adequados para tarefas de Guarda-Costeira. Atualmente, encontra-se em andamento a construção de quatro fragatas da Classe Tamandaré para reposição de meios de escolta, com média ao redor de 40 anos de uso.

Esta breve retrospectiva histórica serviu ao propósito de, pelo menos preliminarmente, traçar um amplo panorama da "Estratégia Naval" posta em prática pelo Brasil que, tradicionalmente, assume dois sentidos, de acordo com o Plano Estratégico da Marinha de 2020 a 2040 (PEM 2040). O primeiro é o da Estratégia como sua aplicação prática do emprego dos meios existentes em um conflito específico, a qual pode ser denominada como a Estratégia Naval Operacional. Já o segundo, está voltado para a Estratégia voltada para o *preparo ou concepção* do Poder Naval, com vista para o seu emprego em um futuro verossímil. O Poder Naval faz parte do Poder Militar e do Poder Marítimo, simultaneamente.[14]

A elaboração estratégica para constituição de uma força naval, para emprego em horizonte de tempo útil, fundamenta-se em estudos prospectivos a fim de esboçar um conjunto de meios possíveis, no caso das marinhas, de uma ou mais esquadras, para aplicação da estratégia naval operacional como e quando necessário. No Brasil, histórica e enfaticamente, a Estratégia Naval esteve voltada para o *emprego* do Poder Naval.

É neste contexto que o presente trabalho foca como objetivo central da pesquisa **o preparo do poder naval**, traduzido por intermédio de uma Estratégia aplicada à *concepção* do Poder Naval. A Estratégia Naval brasileira, no que diz respeito ao *preparo* do Poder Naval, tem se processado espasmódica e *improvisadamente*, por meio de aquisições de oportunidade, ao sabor de conjunturas internas e externas, e voltada para o *emprego imediato dos meios adquiridos*. Tal situação é ainda mais agravada pela instabilidade das políticas interna e externa, além da inconstância do processo de desenvolvimento econômico, que experimenta avanços e retrocessos ao longo da linha do tempo.

---

[14] Por "Poder Militar" entenda-se o conjunto de meios bélicos críveis (navais/aeronavais, terrestres e aeroespaciais), no conjunto das nações em plano global, disponíveis pelos países, sempre função do seu desenvolvimento econômico e técnico-científico. Por "Poder Marítimo", parte intrínseca do Poder Militar em geral, diz respeito à integração dos recursos de que dispõe a nação para a utilização do mar e das suas águas interiores. É um instrumento de ação política e militar, fator de desenvolvimento econômico e técnico-científico e subordina-se, no Estado democrático de direito, às diretrizes emanadas dos poderes constituídos à preservação dos interesses e objetivos nacionais (BRASIL, DMD, 2017).

Em consonância, e até por decorrência das implicações que decorrem do objetivo principal a ser perseguido, a análise traça, com espírito de síntese, retrospecto histórico e crítico do preparo do Poder Naval brasileiro, examina as principais condicionantes do seu preparo, propõe e discute os vetores teóricos orientadores do preparo do Poder Naval, considera o impacto das novas e tradicionais ameaças que incidem na Estratégia Naval e, consequentemente, nas atribuições e no Preparo do Poder Naval.

O marco temporal da investigação compreende o período que vai de 2008, ano em que foi publicada a Estratégia Nacional de Defesa (END)[15] e a edição, em 2020, do Plano Estratégico da Marinha (PEM 2040). O primeiro documento estabeleceu a relação entre o conceito estratégico e a política nacional de defesa, vislumbrando as Forças Armadas também como instrumento de resguardo dos objetivos pretendidos. O segundo teve como propósito, em diálogo com a END, orientar o planejamento de médio e longo prazo da "Visão de Futuro da Marinha do Brasil (MB).[16] O PEM 2040 ainda prevê o *desenvolvimento* de uma sistemática de Planejamento de Força no âmbito da MB, como a sua Ação Estratégica Naval - Defesa 1 (AEN-Defesa -1), atribuída ao Estado Maior da Armada (EMA). O ineditismo dessa previsão justifica o fim do marco temporal deste estudo.

A presente pesquisa se justifica por duas razões principais, entre outras. A primeira é a sua *importância* por explicitar as dificuldades do Estado para conceber um Poder Naval adequado para os desafios decorrentes da inserção do Brasil no cenário internacional, ainda no início do século XXI. Um país do porte como o brasileiro, por suposição preliminar, precisa adequar seu Poder Naval, em bases realísticas, ao seu melhor perfil político-estratégico, sob pena de enfrentar, cada vez mais, insegurança na defesa de seus objetivos e interesses, em um mundo imprevisível e instável.

A segunda razão relaciona-se com a *ausência* teórica e conceitual de pesquisas diretamente focadas nas peculiaridades e na situação do preparo do Poder Naval brasileiro. São rarefeitas, na literatura pertinente, as análises e pesquisas que investiguem o ***preparo do Poder Naval brasileiro*** e a melhor adequação ao seu ***futuro emprego*** (CAMINHA, 1980; VIDIGAL, 1985; FLORES, 1988). Como, tantas vezes acontece em países como o Brasil, o que será mostrado ao longo deste trabalho, não se tem

---

[15] Posta em vigor pelo Decreto Nº 6.703, DE 18 de dezembro de 2008.

[16] Ver:https://www.defesanet.com.br/prosuper/noticia/38102/MB-%E2%80%93-AlmEsq-Ilques-apresenta-o-Plano-Estrategico-da-Marinha-.

uma concepção ajustada à realidade com que se defronta, caindo-se, com frequência, *na armadilha do oficialismo doutrinário*, olvidando-se os fundamentos concretos, empíricos, que devem servir à prospecção realista do que se quer e, mais, do que se pode. A originalidade do exame, ademais, poderá contribuir para o planejamento estratégico de um do Poder Naval crível para o País, ajustado ao desenvolvimento atual e esperado pela sociedade, segundo os objetivos da Política e da Estratégia Nacional de Defesa e os da Política Naval e do PEM-2040.

A investigação se insere na área dos Estudos Estratégicos por exigir análise simultânea do seu objeto - a Defesa Nacional e Segurança Internacional, no chamado "concerto das nações" – na complexa dinâmica internacional e das vicissitudes que ela impacta nos desdobramentos da conjuntura nacional. Tal objeto, apenas analiticamente pode ser diferenciado, pois mutuamente interagem, como se fossem duas faces de uma mesma moeda (FIGUEIREDO, 2015).

O referencial teórico básico desta pesquisa encontra-se no texto *From Here to There - The Strategy and Force Planning Framework* de Liotta e Lloyd (2005). Em tradução livre: *De Hoje para Amanhã: A Moldura da Estratégia para o Projeto de Força*. Neste trabalho, a expressão em inglês *Force Planning* foi traduzida como "Projeto de Força", mais usada no ambiente militar-naval brasileiro. A expressão "Projeto de Força Naval" tem o mesmo significado de "Preparo do Poder Naval". As referências conceituais se fundamentam em autores estrangeiros, no caso, norte-americanos e britânicos, mas eles serão analisados a partir dos especialistas e pensadores brasileiros, a fim de mitigar qualquer predominância de anglicismo na análise do Preparo do Poder Naval brasileiro.

A proposta emerge a partir do suposto preliminar de que a situação política internacional é volátil, incerta, complexa e ambígua[17] em um sistema anárquico.[18] Da mesma forma, a situação nacional interna lida com as incertezas e eventualidades próprias da dinâmica dos processos políticos em um país que ainda busca a afirmação do Estado democrático

---

[17] Em Ingles, leva o acrônimo VUCA: volatility, uncertainty, complexity, and ambiguity. Em português, seria VICA.

[18] Nas relações internacionais, entende-se por sistema anárquico a ausência de um poder único, acima dos Estados nacionais soberanos, que possa intervir, legal e legitimamente, para resolver conflitos entre as nações, dando ordem e coesão ao sistema internacional. Cf. Silva e Gonçalves, 2005 p. 5 a 7.

de direito.[19] Em decorrência, políticos e governantes são surpreendidos por crises político-estratégicas que exigem reações imediatas.

O Brasil, país emergente, lida com difíceis obstáculos relativos ao seu desenvolvimento econômico e técnico-científico. Internamente, convive com vulnerabilidades, como a desigualdade entre ricos e pobres, desequilíbrios regionais, além de crises político-institucionais.[20] No caso particular das instituições militares, os encarregados pela elaboração da Estratégia para o Projeto de Força, seja no âmbito político, seja no âmbito castrense (que idealmente deveriam estar em sintonia), encontram dificuldades para manterem diálogo franco e leal na busca das melhores decisões, onde, como assinala o especialista, há a necessidade da constituição, no Brasil, de um "complexo acadêmico de defesa" composto por analistas civis e militares capazes de, via sólida formação científica, com produção em nível de excelência, formular políticas públicas a fim de subsidiar decisões de Estado (FIGUEIREDO, 2015-B).[21]

Colin Gray (2010) propõe que a Estratégia é uma ponte que nos leva de hoje para amanhã, utilizando-se dos meios disponíveis, via o melhor caminho, para alcançar os fins colimados e abraça a abordagem da sistemática de Liotta e Lloyd (2005). Esses dois últimos sugerem uma *moldura* que instiga a formulação de perguntas adequadas, fornece meios conceituais para a análise da complexa dinâmica do processo de decisão estratégica e permite viabilizar um horizonte racional para a incorporação dos fatores pertinentes para os tomadores de decisão estratégica.

Do ponto de vista metodológico, a abordagem é qualitativa, ressaltando os aspectos subjetivos de fenômeno político-social e estratégico. No caso, a concepção do Poder Naval brasileiro entre 2008 e 2020. **Trata-se de propor e discutir, sistematicamente, a <u>proposição central</u> que fundamenta a análise proposta: o Brasil se encontra despreparado para contar com Poder Naval crível no século XXI e os responsáveis**

---

[19] Tão mais sujeitos a desequilíbrios e incertezas quanto menor for o grau de institucionalidade dos sistemas políticos.

[20] Desde a promulgação da Constituição de 1988, o país passou por processos de impedimento de dois Presidentes da República. Ocorreram, também, a prisão e condenação de vários dignatários do Estado, como um ex-Presidente da República, um Presidente da Câmara dos Deputados, governadores e prefeitos, senadores, deputados federais, deputados estaduais, vereadores, presidentes de partidos políticos, altos funcionários públicos (civis e militares) etc., além de empresários de algumas das maiores empresas do país.

[21] *"Acadêmicos e militares irmanam-se na medida em que passam a dispor de saberes adquiridos em consonância com as regras e exigências do método científico no âmbito das Ciências Humanas. Na verdade, não existe grande país - no passado como no presente- seja qual seja ou tenha sido sua forma de organização econômica, social política e ideológica - que tenha sido capaz de prescindir da cooperação entre a academia e as forças armadas"* (FIGUEIREDO, 2015-B, p. 12).

pela sua formulação, civis e militares, não contam com instrumental teórico capaz de reverter tal situação. Essas dificuldades se traduzem nos desafios e dilemas a serem encarados pelo Estado brasileiro no preparo do Poder Naval. Trata-se de uma pesquisa aplicada, explicativa, bibliográfica e documental, complementada por entrevistas com os protagonistas do tema em questão no entorno do período contemplado (2008-2020).[22]

O desenvolvimento do trabalho prevê, além desta introdução, três capítulos. O primeiro, circunstancia a atual orientação político-estratégica oficial, além de outras condicionantes relativas à preparação do Poder Naval brasileiro. O seguinte, apresenta e analisa os vetores teóricos que permitirão a análise da proposição central. O terceiro capítulo, à luz das considerações já desenvolvidas nos anteriores, procura identificar as principais dificuldades - desafios e dilemas – a serem enfrentadas no preparo do Poder Naval no Brasil. A conclusão ressalta dois resultados e uma previsão. Dilemas, Desafios e Pressentimentos, constam no Apêndice, todos consonantes com os resultados parciais alcançados no desenvolvimento do estudo. Enfatiza-se que o Preparo do Poder Naval não se limita à esfera do poder militar, mas é, preliminarmente, uma *questão política*. Nas sociedades democraticamente constituídas, as decisões relativas à soberania do país e à sua defesa e segurança no âmbito internacional são de responsabilidade da classe política. É esta que tem representação, delegação e mandato para definir os rumos da política nacional. Quando faltam essas decisões, ocorrem instabilidade e desorientação para a Administração Naval.

---

[22] Entre os entrevistados destacam-se um ex-Ministro da Marinha (por escrito), e quatro ex-Comandantes da Marinha, verbalmente.

CAPÍTULO I

CONDICIONANTES NACIONAIS

A breve história do século XXI, nas suas duas primeiras décadas, vem demonstrando que o mundo é uma vasta arena de violência. Logo no início da centúria, os ataques às torres gêmeas em Nova Iorque e à capital do país mais poderoso do mundo, mostraram, pela primeira vez na história, a vulnerabilidade do seu território continental. Em seguida, as sangrentas guerras no Iraque e no Afeganistão. Em 2011, a guerra civil na Líbia, com a intervenção da Otan, sob a égide estadunidense, que culminou com a prisão e morte de Muammar al-Gaddafi, cabendo destacar que esta guerra civil se prolonga até os dias de hoje. Os violentos conflitos bélicos no Oriente Médio, as tensões permanentes entre a China e os países aliados aos EUA no Pacífico; rebeliões, revoltas, guerras civis na África. E, agora, a guerra na Ucrânia, cujo desfecho pode ser imprevisível, inclusive aventando-se a hipótese de escalada nuclear; tudo isso faz parte de um mundo que convive com uma sucessão e multiplicação de ameaças à paz mundial. A pergunta se torna inevitável: nesse panorama, o que interessa ao Brasil? E, mais ainda, do ponto de vista que aqui interessa, e à sua Marinha?

Durante a Guerra Fria, a ameaça preponderante era advinda dos submarinos soviéticos. Hoje, essa ameaça não existe mais. Quais são as novas ameaças? Quais são os seus impactos sobre Poder Naval? Há subjacências e interesses interligados entre as clássicas e as novas ameaças que podem confundir quem deve preparar o Poder Naval.

Mas o que é ameaça? Héctor Luís Saint-Pierre menciona que a ameaça é um sinal, ou percepção, daquilo que nos preocupa e intimida. "A ameaça é uma representação, um sinal, uma certa disposição, gesto ou manifestação percebida como anúncio de uma situação não desejada ou de risco para a existência de quem percebe" (SOARES, 2003, p. 26). E prossegue em sua análise:

> Analiticamente, podemos distinguir alguns elementos que concorrem na constituição de uma ameaça:
>
> - **Ameaçador:** Aquele que ameaça, a fonte ou o sujeito da ameaça, quem profere, ou gesticula ou apresenta os sinais

da ameaça. O emissor do sinal que o receptor reconhece como sendo a causa eficiente da sua intranquilidade.

- O sinal: (o referente) ameaçador, a ameaça propriamente dita, a constituição do sinal que contém o pré-anúncio, os indicativos do que poderia suceder.

- O sinalizado: (o referido), o representado pelo sinal, o que a ameaça representa ou sinaliza ou significa; aquele estado de coisas que colocaria ao ameaçado em posição desagradável e não desejada nem querida: o veneno, o desastre, o ataque, o enfarte, a tempestade, o atentado, o castigo, o sofrimento, a morte.

- O receptor: A unidade que recebe, percebe e interpreta o sinal de ameaça; aquele que sente ou pressente a possibilidade da constituição de um estado de coisas desagradáveis. Aquele que, através da decodificação do sinal, percebe a quem ameaça, o emissor como sendo potencialmente capaz de realizar o estado de coisas que o sinal refere. É aquele que, ante a possibilidade de ter sua tranquilidade alterada, de perder seu sentimento de segurança, ou sua existência eliminada, se sente ameaçado, teme.

- O ameaçado: O aspecto ou elemento sobre o qual recai a ameaça. Pode ser a unidade perceptiva como um todo ou um elemento, um aspecto ou uma parte dela. A ameaça pode recair sobre o meio ambiente ou sobre os homens. Neste último caso, pode recair sobre a unidade político-territorial (nação) ou sobre um grupo social (étnico, racial, religioso, econômico) ou sobre os indivíduos (humana) (SOARES, 2003, p. 29 e 30).

Da análise do professor Saint-Pierre, surge a necessidade de melhor elaborar os conceitos de "ameaças tradicionais" e "novas ameaças", para evitar equívocos com conceitos próximos de ameaça, como os de perigo, desafio, vulnerabilidade, entre outros.

Em primeiro lugar, há de tratar-se das ameaças tradicionais levadas à cabo pelos Estados, desde o sistema internacional inaugurado pós--Westfalia[23], em 1648, e que perdurou até o fim da Guerra Fria. As clássicas ameaças entre os Estados eram de natureza militar e geraram o chamado "Dilema de Segurança Internacional". Vale citar o estudioso:

---

[23] Tratado de Paz que encerrou a Guerra dos Trinta Anos na Europa.

> O **sistema internacional** de **Estados** é caracterizado pela ausência de uma autoridade central capaz de impor e fazer valer regras e leis internacionais de caráter global. Essa situação de **anarquia** faz com que os Estados tenham de depender de si mesmos para a promoção de sua segurança nacional e assim, prevenir ou rechaçar ameaças externas. No entanto, ao promover o aparelhamento nacional com meios militares suficientes para garantir sua segurança, tal iniciativa faz com que o **poder internacional** desses Estados tenda a crescer em relação ao dos demais Estados-membros do sistema internacional, particularmente aqueles participantes de um mesmo sistema regional. Essa perda relativa de poder gera percepções de insegurança entre os governantes desses Estados. Como reação, eles acabam por desenvolver políticas semelhantes de aparelhamento militar. O que se segue é uma ampla competição pela melhoria da capacidade militar entre os Estados, isto é, a corrida armamentista, de tal forma que o resultado final é uma perda (e não um ganho) do nível geral de segurança para todos os Estados (SILVA, 2005, p. 49).

Essas ameaças clássicas, ou tradicionais, foram sentidas por governantes brasileiros até os dias atuais, e permita-se propor, sem a devida acurácia e sentido de emergência. A integração regional na América do Sul, o Mercado Comum do Sul (Mercosul) removeu as forças militares argentinas como objetivos militares para as Forças Armadas brasileiras. Da mesma forma, o fim da Guerra Fria removeu a ameaça dos submarinos soviéticos no Atlântico Sul e a dos inimigos internos da Guerra Revolucionária nos países da América Latina. Marinha para quê? Reduzi-la a uma Guarda-Costeira?

Usualmente, as marinhas são um instrumento do poder nacional e suas atividades devem ser avaliadas segundo os recursos a elas alocados e as missões atribuídas. Revela-se, também, a formação das primeiras marinhas mais fortes da América do Sul: a da Argentina e a do Chile. Estas assim o são, devido às disputas pela Patagônia entre os dois países, a partir de 1870. Entretanto, segundo Scheina, não se constitui como surpresa as disparidades entre as marinhas latino-americanas devido às diferenças econômicas entre os países da região. Apenas as marinhas do Chile, Argentina, Peru e Brasil possuem capacidades limitadas de operar em águas oceânicas. Reputado analista conclui que todas as marinhas latino-americanas, tanto as maiores quanto as menores, têm funcionado como meras guardas-costeiras (SCHEINA, 1987).[24]

---

[24] Professor da Academia Naval nos EUA e autor, entre outros livros, *Latin America's Wars: The Age of the Caudillo, 1791-1899 (volume 1)* e *The Age of the Professional Soldier, 1900-2001, (volume II)*.

Outra área diretamente ligada às atribuições da Marinha e submetida a ameaças ou desafios é o Atlântico Sul, em especial a Zopacas, detalhada mais adiante. O Prof. Pio Penna Filho (2015) elenca quatro possíveis ameaças nessa Zona: "a Otan; focos de instabilidade[25]; presença militar internacional na África; a atuação francesa" (PENNA FILHO, 2015, p. 167-178). E acrescenta:

> O Brasil não pode contar apenas com os esquemas políti-cos-diplomáticos para garantir a defesa da sua soberania sobre as fronteiras marítimas, como a ZOPACAS ou mesmo outros fóruns multilaterais. Nesse sentido, é imperativo que o Estado brasileiro envide esforços para, no caso do Atlântico Sul, modernizar a Marinha de Guerra e dar-lhe condições dissuasórias efetivas, principalmente dando-lhe condições de modernização e reaparelhamento de suas belonaves e submarinos e, inclusive, redefinindo prioridades como a implementação da Segunda-Esquadra, que deverá ser sediada no Estado do Maranhão e terá uma função dupla, haja vista que irá propiciar melhores condições de defesa das duas "Amazônias" brasileiras" (PENNA FILHO, 2015, p. 182).

A Zona de Paz e Cooperação do Atlântico Sul (Zopacas) faz referência a um fórum de diálogo e cooperação entre as nações soberanas lindeiras ao Atlântico Sul e localizadas na América do Sul e na costa ocidental da África. Estabelecida em 27 de outubro de 1986, por iniciativa do Brasil, da qual originou a Resolução 41/11 da Organização das Nações Unidas (ONU), a Zopacas foi criada com o propósito de promover a cooperação regional, manutenção da paz e da segurança no entorno dos 24 países que aderiram ao projeto[26], ao apagar da Guerra Fria. Era um momento no qual começava-se a olhar com maior atenção aos conceitos de regionalização e globalização que tomavam o lugar da disputa bipolar entre os EUA e a ex-União Soviética.

A formação deste grupo visava a valorização do entorno do Atlân-tico Sul, seu potencial de área estratégica, que desde sempre constituiu significativa rota marítima comercial, conectando Europa e EUA com a Ásia. Da mesma forma, objetivava fortalecer a posição no cenário inter-nacional dos seus integrantes, todos detentores de litoral, fonte extra de

---

[25] Principalmente na margem africana do Atlântico Sul.

[26] África do Sul, Namíbia, Angola, Camarões, Congo, Guiné Equatorial, Gabão, Nigéria, República Democrática do Congo, São Tomé e Príncipe, Benim, Cabo Verde, Costa do Marfim, Gâmbia, Gana, Guiné, Guiné-Bissau, Libéria, Senegal, Serra Leoa, Togo, Argentina, Uruguai e Brasil.

recursos naturais, valorizados nos tempos atuais, e espaço de projeção do poder naval destes.

Neste aspecto, o Almirante Antônio Ruy de Almeida Silva aponta que "o retorno da competição entre EUA e China gera novos desafios para a Zopacas" (SILVA, 2022, p. 42). A Área Marítima da Zopacas foi dividida, por ele, em duas partes: a Área Marítima Sul-Atlântica Sul-Americana (Amsasa) e a Área Marítima Sul-Atlântica Africana (Amsaa). Ambas despertam interesses particulares dos EUA que os representa, em termos de poder naval, por meio do Comando Sul e do Comando África.

Figura 1.1 – Zopacas

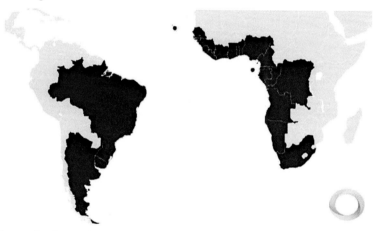

Fonte: Gomes Junior, J. G., 2020

Esses comandos operacionais conjuntos norte-americanos avaliam o processo de evolução da situação nas duas áreas e permanecem prontos para atuar em suas respectivas áreas de responsabilidades[27]. Ao mesmo tempo, identificam necessidades de força no futuro para cumprirem suas missões. Em paralelo, apresentam-se, nessa Zona, potências extrarregionais como França, Reino Unido, Rússia, Índia e China. Jairo Geraldo Gomes Junior (2020) identifica a África do Sul como o país mais susceptível de representar maiores riscos aos interesses brasileiros nesta Zona, pela possibilidade de agir como entreposta entidade dessas potências extrarregionais (GOMES JUNIOR, 2020).

---

[27] "Area of Responsabilities" (AOR), sigla em inglês.

Assim analisa o Almirante Ruy a situação:

> O momento atual de incremento da competição entre as grandes potências coloca a Zopacas e, principalmente o Brasil, o maior país do Atlântico Sul, em um dilema: incrementar o mecanismo ou mantê-lo no seu estágio vegetativo.... Nesse campo são promissoras algumas iniciativas pontuais que vêm sendo adotadas pelo Brasil como a criação do Grupo Interministerial de Acompanhamento da Segurança no Golfo da Guiné, com a participação dos ministérios das Relações Exteriores e da Defesa e do comando da Marinha; o seminário sobre Zopacas promovido em 2020 pelas duas instituições; e a participação brasileira plena do no mecanismo do G-7 de amigos do golfo da Guiné. Também existe a possibilidade de maior engajamento de meios navais brasileiros em ações contra ameaças neotradicionais nessa área marítima, facilitado pela economia de meios devido à saída do Brasil da Força-Tarefa Marítima que operava no Mediterrâneo como parte do Força de Paz da ONU no Líbano. Outra iniciativa seria a criação, pela Marinha do Brasil, de mecanismo que reunisse os chefes navais e das guardas costeiras dos países do Atlântico Sul, semelhante aos simpósios navais (*sea power symposium*) promovidos periodicamente por EUA, Itália e Índia, para discutir temas relacionados à estratégia naval no âmbito global e/ou regional. Todas essas iniciativas devem ocorrer em paralelo à **construção de um poder naval brasileiro** capaz de incrementar sua presença no Atlântico Sul e, quem sabe, no futuro também no Oceano Índico, por onde passam algumas das nossas principais linhas de comunicação com a Ásia (SILVA, 2022, p. 57, grifo nosso).

Essa construção de um poder naval brasileiro, grifada no texto do Almirante Ruy, trata-se do preparo do Poder Naval que credencie o Brasil a incrementar sua projeção no concerto das nações e a sua inserção em processos decisórios internacionais, um dos objetivos da PND/20, como se verá adiante. Por outro lado, a interdependência derivada de um mercado global pode levar a negociações promissoras entre os países que integram a Zopacas, já que o objetivo é o de manter a paz e o convívio cooperativo entre os componentes do bloco, o que consequentemente, exige uma cooperação militar (SOUZA, 2007; ITAMARATY, 2010). Essa cooperação militar tem proeminência Naval. Afinal, a Zopacas já se constitui, naturalmente, num Teatro de Operações Marítimo (TOM) para o Brasil.

Mas há de se considerar, ainda, as chamadas *Novas Ameaças*. Depois da Guerra Fria, passou-se a empregar o termo "novas ameaças" para uma série de fenômenos que traria desafios para a segurança dos Estados. Ernesto López lista "o terrorismo internacional, as atividades de narcotráfico, o crime organizado internacional, o tráfico ilegal de armas, a degradação do meio ambiente, o fundamentalismo religioso, a pobreza extrema e as migrações internacionais" como algumas dessas novas ameaças (SOARES, 2003, p. 59-60). Essas novas ameaças estenderam-se para a questão da segurança, vindo a criar a tendência do que se denomina "securitização". A securitização das novas ameaças embute o risco de uma paralela militarização para a solução de questões policiais, normalmente tratadas por outras políticas públicas. Assim se expressa o General Luiz Eduardo Rocha Paiva, no Capítulo IV da obra organizada por Gheller (2014):

> O Brasil, porém, cometeu o erro estratégico de importar a visão das potências ocidentais, nascida após a queda da URSS, de que as Forças Armadas deveriam preparar-se para enfrentar *novas ameaças* e, também, para cumprir missões de paz e humanitárias. É a nefasta a servidão intelectual, que não contextualiza conceitos do *primeiro mundo* à realidade brasileira (GHELLER, 2015, p. 143).

Sem dúvida, destinar o emprego de força armada para outros fins que não o indispensável e fundamental, o combate, neutraliza a sua qualificação. O leque das novas ameaças e o potencial de securitização delas é amplo e de natureza subjetiva, escapando ao propósito deste trabalho detalhar essa análise. Mas uma questão é certa: as atividades subsidiárias concorrem para a securitização de fatos não atrelados à sobrevivência da nação, em outras palavras, à Segurança Nacional. Reforçamos concordar com as duas únicas ameaças à sobrevivência das nações, atualmente, como apontadas por Barry Buzan: "todos os Estados são vulneráveis às ameaças militares e as do meio ambiente" (BUZAN, 1991, p. 97)[28].

A despeito de feitos notáveis de negociação e integração, seja com alcance regional e global, subsistem tensões passadas e surgem novas, algumas previsíveis, outras não, decorrentes do cumprimento das atribuições expressas pela Lei Complementar 97/99. Em especial no que toca à proteção ambiental, à prática de ilícitos transnacionais, às atribuições da

---

[28] *All states are vulnerable to military and environmental threats,* no original.

Marinha enquanto Guarda-Costeira e às atinentes à Autoridade Marítima. A execução das atribuições subsidiárias pode trazer desafios, perigos, e no limite, a ameaça à vida de pessoas ou ao patrimônio delas ou público. Mas, efetivamente, esses desafios correlatos às atividades subsidiárias não se constituem em ameaças à sobrevivência da nação.

Mesmo assim, no Capítulo II do Plano Estratégico do Marinha (PEM 2040) encontram-se listadas como ameaças: a defesa da soberania; a pirataria; a pesca ilegal não declarada e não regulamentada; acessos ilegais a conhecimentos sobre a fauna, a flora e a biopirataria; o crime organizado e os conflitos urbanos; terrorismo; ameaças cibernéticas; questões ambientais, desastres naturais e pandemias; e disputa por recursos naturais. Essa securitização[29] indiscriminada de ameaças consideradas pela Marinha, mesmo as não relacionadas com a sobrevivência da nação brasileira, pode induzir atitudes desproporcionais de ações e uma composição desequilibrada de meios para o Poder Naval. Vejamos o que diz a Prof. Suzeley Mathias, da Unesp[30]:

> As chamadas atividades subsidiárias, apresentadas pelas Forças como importante serviço à população, não podem tornar-se razão de ser e de treinamento dos militares nacionais. Além disso, essas atividades devem responder a uma situação emergencial, de calamidade, e não substituir os serviços que o Estado tem que assumir. Mais ainda, como expressou o então ministro da Defesa, Geraldo Quintão, o envolvimento das Forças Armadas em atividades de segurança pública pode levá-las a se tornar tão corruptas como hoje são nossas polícias (MATHIAS, 2003, p. 151).

É nesse contexto internacional incerto, belicoso, marcado por desafios e ameaças de hoje - e de sempre - que cabe expor o que, assim, se denomina "condicionantes nacionais": os documentos emitidos pelo Estado brasileiro para o preparo e a ação de sua defesa. Nos termos deste trabalho, a expressão precisa ser, de antemão, explicitada, já que ela pode conter uma tal generalidade que inviabilize a compreensão do que ela conceitua. Na verdade, há sempre uma relação entre os textos produzidos pelos homens e o contexto histórico-social em que eles foram propostos.

---

[29] Discurso que eleva uma ameaça para além do campo da política, valendo-se do uso de medidas excepcionais, como os militares, incialmente voltadas para a guerra.

[30] Universidade Estadual Paulista.

Em um mundo cada vez mais integrado pelo processo de globalização, tal contexto resulta de um diálogo cada vez mais intenso entre as circunstâncias nacionais e internacionais. Tais circunstâncias são multidimensionais, são tanto de ordem econômica como política, como também de ordem social e cultural. Nesta dissertação, a expressão é empregada no plano político principalmente, entretanto, não apenas.

Em essência, trata-se de examinar, por um lado, no marco temporal em lide, as condicionantes políticas do mais alto nível do Estado brasileiro, relativos à Defesa em geral, mas com foco no objeto desta pesquisa, o Preparo do Poder Naval. Tais condicionantes foram expressas, formalmente, em documentos que balizam o tratamento da temática, o preparo do Poder Naval no país, no alvorecer do século XXI. A partir do conhecimento destes que, como assinalado na Introdução deste trabalho, pode-se examinar a situação da Defesa por um ponto de vista crítico, lastreado, como se verá no capítulo seguinte, em conceitos e preceitos teóricos legados por alguns dos principais pensadores navais, estrangeiros e nacionais, mas com ênfase na moldura teórica de Liotta e Lloyd. A suposição é que, assim se procedendo, poder-se-á identificar as dificuldades - dilemas e desafios – no preparo do Poder Naval do País.

Este capítulo, em consonância com tais pretensões, se divide em três partes. A primeira sintetiza a retórica institucional dos mais altos documentos de Estado sobre a Defesa e a Segurança do país: a Constituição Federal, a Política Nacional de Defesa, a Estratégia Nacional de Defesa, o Livro Branco da Defesa Nacional e o Livro Verde da Defesa. A segunda, as condicionantes para o preparo do Poder Naval, lida com os documentos que, derivados dos primeiramente referidos, impactam, no âmbito da Marinha: a Política Naval, o Plano Estratégico da Marinha, a Doutrina Militar de Defesa e a Doutrina Militar Naval. A última coloca em tela as conclusões parciais.

A Retórica Institucional da Defesa

A Constituição da República Federativa do Brasil, promulgada em 1988 - Constituição Federal (CF/88) -, é o documento condicionante mais elevado para o preparo e o emprego do Poder Militar, do qual faz parte o Poder Naval brasileiro. No seu preâmbulo e nos seus princípios fundamentais consta o compromisso com a solução pacífica de controvérsias interna e internacionalmente. No Artigo 4°, prescreve a autodeterminação dos povos, a não intervenção, a igualdade entre os Estados, a defesa da paz, a solução pacífica dos conflitos, repúdio ao terrorismo e ao racismo, a cooperação entre os povos para o progresso da humanidade. No parágrafo único do mesmo Artigo 4°, consta que o Brasil buscará a integração econômica, política, social, e cultural dos povos da América Latina, visando à formação de uma comunidade latino-americana de nações. Esses aspectos deveriam repercutir diretamente na Política e na Estratégia Nacional de Defesa, complementadas por leis que orientam o preparo do Poder Naval do Brasil, em especial, a Lei Complementar N° 97, de 09 de junho de 1999.

De fato, o Brasil tem uma Constituição quase tão pacifista quanto à imposta pelos Estados Unidos da América ao Japão derrotado, ao final da II Guerra Mundial. Entretanto, as Forças de Defesa do Japão detêm maior poder militar do que as Forças Armadas do Brasil (IISS, 2021). Em nossa concepção, poder não é um fim. É um meio para ser usado na busca de interesses e objetivos enunciados pela política. A Constituição Federal é a base tanto para a Política Nacional de Defesa, aqui com ênfase na versão de 2020, como para a Estratégia Nacional de Defesa.

A Política Nacional de Defesa (PND/20), em sua versão de 2020, é o documento condicionante de mais alto nível para o planejamento das ações destinadas à defesa do país. Está voltada para as ameaças externas e estabelece objetivos para o **preparo** e o emprego do Poder Nacional em benefício da Defesa Nacional. Estabelece o conceito de **entorno estratégico** brasileiro definido pela América do Sul, o Atlântico Sul, os países da costa ocidental africana e a Antártica (BRASIL, PND, 2020; NEVES, 234). É, atualmente, o documento fundamental para orientar o preparo do Poder Naval, enquanto parte do Poder Nacional. Há de se reforçar, mais uma vez que, nesta análise, entende-se o poder como meio e não como um fim. Em outras palavras, poder só é útil quando aplicado, ou quando garante a dissuasão pela ameaça do seu emprego. O que se alinha, pelo menos retoricamente, com a Constituição Federal.

A primeira versão da PND foi aprovada em 1996. Flores (1988) enunciava que a falta de uma PND era, entre outros, um motivo para impedir o preparo de um adequado Poder Naval. No entanto, desde a sua primeira versão, não se verificou mudança qualitativa no preparo da Marinha, como imaginado por Flores, mesmo após a criação do Ministério da Defesa. Já com respeito ao **entorno estratégico**, é relevante considerar as potências extrarregionais presentes no seu interior, como mostrado pela figura 1.2.

De toda maneira, a PND/20 contribui para a percepção da Segurança Nacional entendida como uma situação, ou condição, que proporciona a preservação da soberania, da integridade territorial, a realização dos interesses nacionais, a despeito de pressões e ameaças de qualquer natureza, e a garantia aos cidadãos dos direitos e deveres constitucionais. A Segurança Nacional é um estado, em sentido declaratório, como uma situação que deve ser sentida pelos brasileiros e seus governantes.

Entre os objetivos da PND/20, há de se salientar os que têm maior impacto na concepção do Poder Naval brasileiro, como a seguir: I - salvaguardar as pessoas, os bens, os recursos e os interesses nacionais situados no exterior; II- contribuir para a estabilidade regional e para a paz e a segurança internacionais; III - incrementar a projeção do Brasil no concerto das nações e sua inserção em processos decisórios internacionais.

Figura 1.2 – Entorno Estratégico[31]

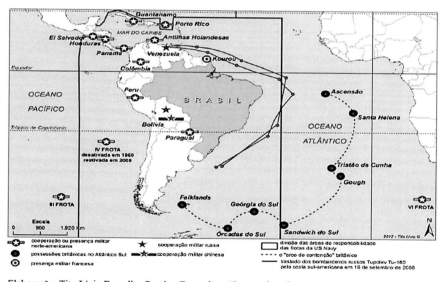

Elaboração: Tito Lívio Barcellos Pereira. Fonte: http://internacionalistas.com.br/wp/?p=583.

Na essência, a PND/20 funciona como uma Grande Estratégia, de acordo com a conceituação de John Lewis Gaddis: "o alinhamento entre

---

[31] Esta configuração do Entorno Estratégico difere da apresentada, na página 18, do Plano Estratégico da Marinha (PEM 2040), onde não inclui a área marítima do Pacífico contígua à América do Sul e a presença de potências extrarregionais no Atlântico Sul e no Pacífico nas aproximações marítimas à América do Sul.

as potencialmente infinitas aspirações e as necessariamente limitadas capacidades" (GADDIS, 2018, p. 312).

Nesta altura dos comentários sobre a PND/20, especificamente sobre o **entorno estratégico**, o Professor da UFPE, Augusto Teixeira Jr., nos adverte:

> Caso o Brasil não preencha as condições de potência e de organização de uma área de influência sob a sua égide, a volição por um *entorno estratégico*, tende a se materializar num vácuo de poder preenchido pela ação de potências extrarregionais. Um pesadelo geopolítico que agride diretamente um preceito fundamental, da orientação internacional do Brasil: a autonomia (TEIXEIRA JR., VIII ENABED, 2011, p. 240).

E complementa o Professor André Luís Varella Neves do Inest/UFF:

> Um país como o Brasil tem condições de projetar o seu poder e a sua liderança para fora de suas fronteiras, por meio da **cooperação, da difusão das ideias e valores** e também, como já vem ocorrendo, por meio da transferência do dinamismo econômico para a sua zona de influência ou, para o seu entorno estratégico. Para que isso seja mantido é mandatório que haja uma perfeita relação entre as agências responsáveis pela diplomacia, a defesa, e as políticas econômica e fiscal (NEVES, 2015, p. 259).

Mas há de se fazer referência a outros dois documentos da retórica institucional da Defesa no Brasil: o "Livro Branco de Defesa Nacional" (2020) e o "Livro Verde da Defesa" (2017). O Livro Branco, como costumeiramente chamado em vários países, é um documento útil pelos demais Estados no sentido de não suscitar dilemas de segurança com outros países. Por outro lado, desnuda-se vulnerabilidades, especialmente as relacionadas com a radiografia do orçamento de defesa do país. As despesas com pessoal no MD chegaram a 89,5 % do orçamento do Ministério, em 2019. No que diz respeito à Marinha, as despesas com pessoal atingiram R$ 23,62 bilhões, enquanto as despesas Discricionárias[32] chegaram ao total de R$ 10,3 bilhões, principalmente devido à execução do Programa

---

[32] Aquelas em que o gestor tem algum grau de decisão quanto a alocação e execução, a partir da disponibilidade orçamentária (investimento). Existem as obrigatórias em cumprimento da legislação (pessoal).

de Submarinos, do Programa Nuclear, da construção das quatro fragatas classe Tamandaré e da aquisição de um navio antártico. Esses 10.3 bilhões se dividem em custeio (R$ 1,06 bilhão), investimentos (R$ 2,09 bilhões) e na capitalização para construção e aquisição de navios (R$ 7,15 bilhões).

Um aspecto a destacar é que, no orçamento da Marinha, se inclui as despesas e os investimentos como Autoridade Marítima, enquanto na Aeronáutica, as despesas e os investimentos no Controle do Espaço Aéreo Brasileiro estão desvinculados da Força Aérea. Mais adiante abordaremos uma sugestão do ex-ministro da Marinha, Almirante Mauro César Rodrigues Pereira, nesse sentido. As informações contidas no Livro Branco servem de ponto de partida para a análise das prioridades voltadas ao preparo do Poder Naval e evidenciar a disputa por orçamento entre a Marinha, o Exército e a Aeronáutica, no âmbito do Ministério da Defesa.

O "Livro Verde da Defesa (2017) é um documento inédito na progressão da atualização da tríade de documentos relativos à Defesa Nacional - a Política de Nacional de Defesa, a Estratégia Nacional de Defesa e o Livro Branco da Defesa Nacional. A contribuição das Forças Armadas se estende da sua missão precípua - defesa do território e soberania nacionais - e avança sobre a proteção ambiental e o legado secular da preservação. É fácil constatar a preservação do meio ambiente nas áreas do inventário das Forças Armadas, mesmo as destinadas para os exercícios operacionais. Na essência, o documento preconiza o **preparo com sustentabilidade** e lista uma série de boas práticas já costumeiras na Marinha, no Exército e na Aeronáutica. Destaca-se, no caso da Marinha, a instalação de unidades de tratamento de águas servidas[33] nos navios. Isso já causou embaraços às tripulações de navios brasileiros no exterior[34]. Ainda no tema do meio ambiente, a posição do país mostra-se vulnerável a sanções, a partir de 2018, via a flexibilização das políticas de defesa ambiental.

A Estratégia Nacional de Defesa (END/20) funciona de maneira similar ao equilibrista sobre uma corda, com o auxílio da vara para equilibrar-se, até chegar ao seu destino na outra extremidade da corda. A sua primeira versão foi promulgada em 2008, marco inicial desta pesquisa. A END, na versão atual de 2020, é a de uso pelas Forças Armadas, embora

---

[33] Equipamentos que tratam águas de esgoto e das usadas na limpeza de equipamentos e de instalações a bordo, antes da sua descarga no mar.

[34] Os tripulantes da Fragata Defensora, dos quais fui Imediato, tinham que caminhar mais de cem metros no cais, sob intenso frio, até os sanitários químicos. Os sanitários a bordo foram lacrados pelo Serviço de Saúde britânico, em 1993, nas comemorações do cinquentenário da Batalha do Atlântico, em Liverpool.

ainda não aprovada pelo Congresso Nacional. Nesse sentido, evidencia-se o alheamento da classe política e dos governantes com as questões de defesa. A END/20 divide-se em três partes: Concepção Estratégica; Fundamentos; e Estratégias e Ações de Defesa. Foge ao escopo desta pesquisa analisar detalhadamente o texto da END/20, entretanto, interessa identificar aspectos julgados relevantes para o preparo do Poder Naval e averiguar se as políticas e estratégias navais decorrentes contemplam esses pontos. Ainda mais, exige examinar se as doutrinas Militar e Militar Naval estão adequadas aos pressupostos da END/20 e a legislação complementar.

A análise da END deve começar por sua "concepção". Ela está voltada para garantir uma capacidade de **dissuasão** ao preparar o emprego do Poder Nacional, especialmente a sua expressão militar, com vistas à preservação da soberania, da integridade territorial e dos interesses nacionais no país ou no exterior. Enumera aspectos que, no entender deste analista, impactam no **preparo** do Poder Naval: o documento dispõe que (o Brasil) deve estar preparado para atender às possíveis demandas de participação em Operações de Paz, sob a égide da Organização das Nações Unidas – ONU ou de organismos multilaterais. Prega-se o fortalecimento da Zona de Paz e Cooperação do Atlântico Sul – Zopacas –, como instrumento de consolidação do Brasil como ator regional relevante, aumentando a sua influência no entorno estratégico e minimizando a possibilidade de interferência militar de potências extrarregionais no Atlântico Sul. Fica proposto que o Atlântico Sul é uma área de interesse geoestratégico para o Brasil e que, assim, de uma parte, a proteção dos recursos naturais existentes nas águas, no leito e no subsolo marinho é uma **prioridade** para o país e, de outra parte, que a **dissuasão** deve ser a **primeira** postura estratégica a ser considerada para a defesa dos interesses nacionais (BRASIL, END, 2020).

Postula-se que o Ministério da Defesa e as Forças Armadas deverão incrementar o apoio necessário à participação brasileira nos processos de decisão sobre o destino da Região Antártica. Chama a atenção que a Amazônia se constitui em uma área de interesse geoestratégico para o Brasil. Em consequência, a proteção da biodiversidade, dos recursos minerais, hídricos, além do potencial energético, no território brasileiro se eleva à categoria de **prioridade** para o país[35] (BRASIL, END, 2020). Diferentemente do Exército, para a Marinha, a dissuasão na Amazônia e no Atlântico Sul impõe um dilema, pois a Força Naval tem atribuições e unidades nas duas áreas de características e de uso distintos.

---

[35] Grifos do autor.

Consta, ainda nessa concepção estratégica, que o país, sendo signatário do "Tratado de Não Proliferação de Armas Nucleares", apoia as iniciativas para eliminação total dessas armas e outras de destruição em massa. Do ponto de vista realista das Relações Internacionais (MEARSHEIMER, 2001; MORGENTHAU, 2003), esta posição permite aos seus detentores explorar a ameaça do seu uso para obter concessões dos que não as possuem. Nesse sentido, há de se lembrar dos apontamentos do professor John Lewis Gaddis sobre as armas atômicas, ao analisá-las ao início da Guerra Fria.

Segundo Gaddis, esses artefatos foram construídos de acordo com um pressuposto bem conhecido: se funcionassem, seriam usadas. Não se precisaria ter lido Clausewitz para saber que "a guerra é um ato de violência, não há nenhum limite para a manifestação dessa violência" (CLAUSEWITZ, 2003, p. 11)[36]. Apenas uma liderança muito determinada, todavia, em situação considerada limite, em termos da definição da guerra no Pacífico, com firme apoio nacional, poderia ter ordenado o uso delas. O presidente norte-americano, Harry S. Truman, felizmente para a Humanidade, foi - até agora - o único dirigente que autorizou o seu uso. Os idealizadores e os construtores da bomba teriam ficado possivelmente surpreendidos se soubessem que as primeiras utilizações militares dessas armas em Hiroshima e em Nagasaki seriam as últimas (GADDIS, 2021). Diante do caráter cíclico e regenerativo da estratégia, esta questão deve ser continuamente revisitada pelas lideranças nacionais e decisores estratégicos, ao longo do tempo. As lideranças políticas mudaram e outras as sucederão nos países militarmente nuclearizados[37].

A END/20 também enumera as "Capacidades Nacionais de Defesa", compostas por diferentes parcelas das expressões do Poder Nacional e

---

[36] Neste trabalho as citações referentes a Clausewitz terão como fontes as edições da editora Martins Fontes de 1979 e a de 2003.

[37] A END/20 considera ser necessária uma evolução da situação de paz, ou de crise, para uma situação de conflito armado. A evolução da natureza dos conflitos apresentados por Chris Gray (1997), Kaldor (2019), e Coker (2002) indicam que mesmo potências emergentes ou médias devem permanecer prontas para reagir imediatamente a uma situação de conflito. Especialmente aquelas incapacitadas de dissuadir por não dispor de armas nucleares. Será que a Rússia agrediria a Ucrânia caso esta não tivesse devolvido todo o arsenal nuclear instalado em seu território? Por outro lado, talvez a Ucrânia não tivesse obtido sua independência da Rússia, caso não devolvesse aos russos esse arsenal. De qualquer modo, o conflito que assistimos desde 2014, seria uma guerra civil ao invés de um conflito tradicional entre Estados. Esta questão se choca com a exigência de uma capacidade de pronta resposta, comentada mais adiante. Hoje em dia, tudo indica não haver mais tempo para sair de uma situação de paz para uma situação de crise ou de conflito. A prontidão operacional passou a ser um fator primordial na questão da defesa.

implementadas por meio da participação coordenada e sinérgica de órgãos governamentais e entes privados, quando pertinente. Destacam-se, entre elas, as capacidades de "Proteção, Pronta-resposta, Dissuasão, Coordenação e Controle, Gestão da Informação, Logística, Mobilidade Estratégica, Mobilização e Desenvolvimento Tecnológico de Defesa" (END, 2020)[38]. Atribui à capacidade de Dissuasão a disponibilidade e prontidão dos meios militares, na capacitação do seu pessoal e afirma ser uma ferramenta da diplomacia. A "Capacidade de Mobilização" complementa a da "Logística Militar" e visa "preparar a expressão militar para a passagem da estrutura de paz para a estrutura de guerra" (END, 2020)[39].

No tocante à Marinha, ou seja, ao Poder Naval, a END/20 prioriza duas áreas do litoral: a faixa que vai de Santos a Vitória e a área em torno da foz do Rio Amazonas. Preconiza uma base de submarinos e a construção de um complexo Naval de uso múltiplo na foz do Amazonas. A base de submarinos já foi implementada em Itaguaí, RJ. Até o comando da Força de Submarinos já foi transferido para aquela localidade[40]. Na Ilha da Madeira, Itaguaí, RJ, encontra-se o complexo de estaleiro, base e o comando operacional dos submarinos. A END/20 preconiza ainda que a Marinha estruturar-se-á por etapas, como uma força equilibrada entre os componentes de superfície, submarino, anfíbio e aéreo e dotada das características intrínsecas ao poder naval: mobilidade, permanência, versatilidade e flexibilidade, e que assim permitirá atingir os objetivos descritos na PND/20.

Ainda no que toca à END/20, este documento estabelece estratégias específicas para cada objetivo nacional estabelecido na PND/20, as quais são denominadas como Ações Estratégicas de Defesa (AED). Ressalta-se aquelas que se relacionam, preponderantemente, com o emprego do Poder Naval em um futuro verossímil e, portanto, intrinsicamente ligadas ao preparo do Poder Naval:

---

[38] Sem força não há diplomacia, como advertiu Rio Branco, patrono da diplomacia brasileira. Por exemplo, Israel, mesmo não sendo oficialmente declarado possuidor de armas nucleares, ninguém duvida da capacidade de pronta resposta das suas forças convencionais.

[39] Do ponto de vista do autor, com fulcro na experiência obtida pela convivência com outras marinhas, em especial da Suécia, Grã-Bretanha e França, essa transição de tempo de paz para tempo de guerra soa como um confortável anacronismo, além do explicado sobre a evolução da natureza dos conflitos, onde Kaldor, Gray e Coker convergem para os mesmos pontos de vista. Esse anacronismo contribui para reforçar vícios do oficialismo doutrinário brasileiro.

[40] https://www.marinha.mil.br/noticias/comando-da-forca-de-submarinos-e-transferido-para-o-complexo-naval-de-itaguai. Acesso em: 27 jul. 2022.

I - Demonstrar a capacidade de se contrapor à concentração de forças hostis nas proximidades das fronteiras, dos limites das águas jurisdicionais brasileiras e do espaço aéreo nacional;

II - Desenvolver as capacidades de monitorar e controlar o espaço aéreo, o espaço cibernético, o território, as águas jurisdicionais brasileiras e outras áreas de interesse;

III - Buscar a destinação de recursos orçamentários e financeiros por meio de Lei Orçamentária Anual, no patamar de 2% do PIB;

IV - Buscar a regularidade e a previsibilidade orçamentária para o Setor de Defesa;

V- Aprimorar o modelo de integração da tríade Governo/Academia /Empresa.

Poderíamos alongar a lista das AED e escapar do propósito deste trabalho. Por motivo de simplicidade, vamos limitar os comentários sobre as AED apenas às cinco supracitadas.

I - a) estimula promover ações de defesa fora dos objetivos a defender. Além dos limites das águas jurisdicionais brasileiras;

II - b) as dimensões dos espaços a monitorar e controlar implica uso de artefatos espaciais, por exemplo, satélites;

III e IV - c) não estabelece proporção entre investimento, custeio, e, principalmente, na rubrica pessoal;

V - d) julga-se conveniente substituir Governo por Estado.

Condicionantes para o preparo do Poder Naval

Os documentos de Estado anteriormente citados parametrizam e balizam as atividades da Marinha do Brasil. A seguir, em espécie de percurso aéreo, abordar-se-á, sucessivamente, os seguintes pontos considerados centrais para o objeto central da análise: a Política Marítima Nacional; a Política Naval (inclusive o Mapa Estratégico da Marinha); o Plano Estratégico da Marinha (PEM 2040), o qual prescreve desenvolver uma Sistemática para o Planejamento de Força; a Doutrina Militar de

Defesa (DMD); e a Doutrina Militar Naval (DMN). Em outras palavras, com ênfase nos parâmetros setoriais da Marinha, excetuando-se a DMD.

O Decreto nº 10.607, de 22 de janeiro de 2021, instituiu o Grupo de Trabalho Interministerial (GTI) para atualização da **Política Marítima Nacional**, disposta pelo Decreto nº 1.265, de 1994. Documento do ano passado, ainda não promulgado, mas que atualiza a versão anterior e estabelece que a Política Marítima Nacional (PMN/21) tem por fim orientar o desenvolvimento das atividades marítimas do país, de forma integrada e harmônica, visando à utilização efetiva, racional e plena do mar e das hidrovias interiores, em concordância com os interesses nacionais (BRASIL, 1994). A PMN/21 visa, assim, à aplicação inteligente do Poder Marítimo e do seu componente naval, em benefício dos interesses do país.

Sem dúvida, a PMN/21, embora de amplitude extensa, incorpora agentes de toda ordem, contudo, como não possuímos uma mentalidade marítima consolidada, a Marinha, por intermédio da Secretaria Especial para os Recursos do Mar (Secirm), busca dar andamento a projetos e programas científicos marítimos, entre os quais o Programa Antártico (Proantar), diante de demandas da política externa e do desenvolvimento científico e tecnológico. Em respeito à objetividade, limitar-se-á por aqui os comentários sobre a PMN/21, reconhecendo o seu potencial de sustentação para o preparo do Poder Naval, a partir da consolidação de uma mentalidade marítima entre os brasileiros, um dos seus objetivos. Mentalidade marítima que nos foi limitada desde os tempos coloniais, como visto anteriormente. Finalizamos esses comentários sobre a PMN/21 sobre a ausência de referências aos interesses econômicos sobre as questões marítimas por diversas razões, desde históricas, culturais e sistemas econômicos internacionais.

Política Naval

O mais elevado documento condicionante setorial é a Política Naval (PN/20). Na sua Introdução, menciona que está subordinada aos objetivos e diretrizes emanados da PND/20, da END/20 e dos documentos de alto nível que preconizam o preparo e o emprego das Forças Armadas (LC 97/99). Dispõe que cabe a Marinha do Brasil (MB) o emprego do Poder Naval. **Não menciona o preparo do Poder Naval, como um projeto de força**. Também não ressalta, em grau conveniente, a predominância dos aspectos econômicos e políticos sobre as questões da defesa e, consequentemente, do preparo do Poder Naval. Pelo já visto até aqui, isto não se constitui em uma surpresa.

Mais além, a Lei Complementar N° 97, de 9 de junho de 1999, que dispõe sobre as normas gerais para a organização, o preparo e o emprego das Forças Armadas estabelece - no Capítulo IV do preparo, em seu Art. 13 - que cabe aos Comandantes de Força o preparo dos seus **órgãos operativos e de apoio**, obedecidas as políticas estabelecidas pelo Ministro da Defesa. Nesse sentido, **não** abrange o preparo como projeto de força. Limita-se à prontidão dos meios operativos existentes.

O parágrafo primeiro dessa lei reza que:

> [...] o preparo compreende, entre outras, as atividades permanentes de planejamento, organização, e articulação, instrução e adestramento, desenvolvimento de doutrina e pesquisas específicas, inteligência e estruturação da Forças Armadas, de sua logística e mobilização (BRASIL, 1999, Lei Complementar n° 97, capítulo IV, Art. 13).

Os parágrafos 2° e 3° estão voltados para os exercícios operacionais e o Art. 14 estabelece os seguintes parâmetros básicos para o "preparo" das Forças:

> I - Permanente eficiência operacional singular e nas diferentes modalidades de emprego interdependentes;
>
> II - Procura da autonomia nacional crescente, mediante contínua nacionalização de seus meios, nelas incluídas pesquisa e desenvolvimento e o fortalecimento da indústria nacional;
>
> III - Correta utilização do potencial nacional, mediante mobilização criteriosamente planejada (BRASIL, 1999, Lei complementar n° 97, capítulo IV, Art. 14).

Constata-se a superficialidade do tratamento da questão do preparo, pela ausência da menção aos planejamentos de forças. É clara a sua natureza operacional atrelada ao emprego dos meios. Esta Lei 97/99 **não** exprime a necessidade de se **aprofundar na estratégia para o preparo das forças** e da capacitação intelectual[41] para lidar com as incertezas alinhavadas por Gray (2010), Liotta & Lloyd (2009), Van Creveld (2020) e Flores (1988). Ratifica-se a preponderância operacional do pensamento

---

[41] Mencionada por Flores desde 1988.

estratégico naval, reminiscente desde os tempos da Independência até a Guerra Fria, como grifado anteriormente.

A Política Naval está estruturada da seguinte forma: Introdução; Contexto; Concepção; Objetivos Navais; e Mapa Estratégico da Marinha. Na Introdução e no seu Contexto não se extrai elemento novo aos já apresentados na PND/20 e END/20 e que tenham impacto no preparo do Poder Naval.

No entanto, na sua concepção, encontramos três tópicos relevantes para o preparo do Poder Naval:

> I - Dar ampla divulgação dos propósitos do Programa de Desenvolvimento de Submarinos (Prosub) e do Programa Nuclear da Marinha (PNM) e seus benefícios para a sociedade;
>
> II - Estimular encomendas de construção de meios para manter o nível de atividade e desenvolvimento da indústria naval brasileira;
>
> III - Valorizar o planejamento de longo prazo e priorizar os programas/projetos estratégicos.

Nesta altura, depreende-se a necessidade de explicitar os benefícios civis do Prosub e do PNM para a sociedade, obter aliados no setor da indústria naval nacional e valorizar o planejamento de longo prazo, típico do projeto de força, indispensável para o preparo do Poder Naval.

Os Objetivos Navais, estabelecidos pela PN/20, concorrem preponderantemente para o emprego dos meios ao especificar as áreas fluviais e marítimas de operação. O objetivo de modernizar a Força Naval suscita perspectivas de obtenção e manutenção de meios, não descartando as compras de oportunidade. Salienta-se a necessidade de desenvolver a capacidade cibernética da Força Naval, sendo este também um objetivo da PN/20.

De qualquer maneira, a PN/20 serve de enlace entre a PND/20 e a END/20, com a estratégia naval prevista para o arco temporal entre 2020 e 2040 e constante do Plano Estratégico da Marinha para esse mesmo período.

Se por um lado, a extensão do período de 20 anos pode ser aceitável, por outro, pode ser relativamente curta, levando-se em consideração o tempo necessário para o projeto de um navio sair da prancheta e tornar--se uma unidade operativa. A não ser que a costumeira alternativa de aquisição por oportunidade de navios usados não esteja descartada. Há que se atentar para a diferença entre obter e construir unidades navais.

Por fim, a PN/20 apresenta o Mapa Estratégico da Marinha, para um horizonte de vinte anos (2020 – 2040). A Visão de Futuro é a expressão que traduz a situação futura desejada para a Marinha. É estabelecida sobre os fins da Instituição e corresponde à direção suprema que a organização busca alcançar. É decorrente da imagem que a organização tem de si mesma e de seu futuro. Será este mapa compreensível para civis? Qual a melhor perspectiva estratégica para esse mapa? A de um ouriço ou a de uma raposa?

Figura 1.3 – Mapa Estratégico da Marinha

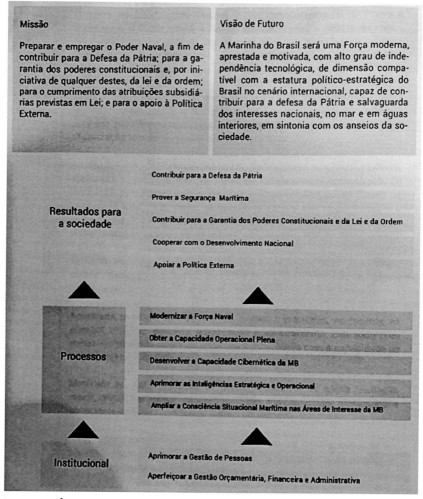

Fonte: acervo do autor

Plano Estratégico da Marinha (PEM 2040)[42]

Este Plano se inicia com a Missão da Marinha:

> Preparar e empregar o Poder Naval, a fim de contribuir para a Defesa da Pátria; para a garantia dos poderes constitucionais e, por iniciativa de qualquer destes, da Lei e da Ordem; para o cumprimento das atribuições subsidiárias previstas em Lei; e para o apoio à Política Externa (PEM 240, p. 4).

Este Plano tem como propósito orientar o planejamento, de médio e longo prazo, por meio das Estratégias Navais (EN) que estabelecem como devem ser alcançados os Objetivos Navais (Obnav), organizados por uma cadeia de valores e orientados pela Visão de Futuro da Marinha. Com base na análise dos Obnav, são elaboradas as Ações Estratégicas Navais (AEN), "as quais contribuirão para o alcance da Missão da Força, à semelhança da END/20" (BRASIL, PEM 2040, 2020, p. 3).

O PEM 2040 é condicionado pelos documentos de mais alto nível, anteriormente citados: PND/20; END/20; LBDN; a Política Marítima Nacional (PMN) e a PN/20. Na realidade, traduz a estratégia naval que pretende ser seguida, até 2040, pela Marinha do Brasil (MB), no mar e nas hidrovias, como o braço militar do Poder Marítimo. O PEM 2040 apresenta um conjunto de conhecimentos para as tomadas de decisão e correspondentes gestões político-estratégicas (BRASIL, PEM 2040). Doravante, neste trabalho, os termos PEM 2040 e Estratégia Naval passam a ser sinônimos.

O Plano está estruturado em cinco capítulos, onde, mais uma vez, a preponderância da perspectiva operacional é clara. Entretanto, nos Capítulos 2 - Ameaças, 4 – Mapa Estratégico da Marinha e 5 – Ações Estratégicas Navais, encontramos dados de relevância para o preparo do Poder Naval. A primeira questão a ser abordada diz respeito às ameaças. E não as dissociamos das atividades subsidiárias atribuídas pela Lei Complementar Nº 97, de 9 de junho de 1999, transcritas *in verbis* do seu Art. 17:

> Art. 17. Cabe à Marinha, como atribuições subsidiárias particulares:
>
> I - Orientar e controlar a Marinha Mercante e suas atividades correlatas, no que interessa à defesa nacional;

---

[42] Disponível em https://www.marinha.mil.br/pem2040.

II - Prover a segurança da navegação aquaviária;

III - contribuir para a formulação e condução de políticas nacionais que digam respeito ao mar;

IV - Implementar e fiscalizar o cumprimento de leis e regulamentos, no mar e nas águas interiores, em coordenação com outros órgãos do Poder Executivo, federal ou estadual, quando se fizer necessária, em razão de competências específicas.

V – Cooperar com os órgãos federais, quando se fizer necessário, na repressão aos delitos de repercussão nacional ou internacional, quanto ao uso do mar, águas interiores e de áreas portuárias, na forma de apoio logístico, de inteligência, de comunicações e de instrução. (Incluído pela Lei Complementar nº 117, de 2004)

Parágrafo único. Pela especificidade dessas atribuições, é da competência do Comandante da Marinha o trato dos assuntos dispostos neste artigo, ficando designado como "Autoridade Marítima", para esse fim.

Projeto de Força

Importante salientar que o PEM 2040 registra, pela primeira vez na História, a falta de um de Projeto de Força para a Marinha e estabelece a necessidade de se criar uma Sistemática de Planejamento de Força. A Estratégia Naval 1 (EN 1) dispõe: "esta Estratégia visa desenvolver uma Sistemática de Planejamento de Força para a MB, de forma a identificar uma Força crível, realista e em conformidade com as necessidades da sociedade" (BRASIL, PEM 2040, p. 62). O propósito desta EN 1 é alcançar o Objetivo Naval 1 – Contribuir para a Defesa da Pátria e tem como Ação Estratégica Naval estabelecer um Planejamento de Força para a MB – AEN-Defesa-1. E atribui ao Estado-Maior da Armada a responsabilidade pela sua execução (BRASIL, PEM-2040, 2020).

Este fato é de suma importância para esta pesquisa, tanto que marca o fim do seu contexto temporal – 2020. Elaborar uma Sistemática de Planejamento de Força para a MB constitui um salto qualitativo no desenrolar do tempo linear da História Naval brasileira. A partir de 2020, o Brasil, em princípio por meio da Marinha, deverá iniciar providências no sentido de conceber o Poder Naval brasileiro, mediante uma sistemática própria, a fim de atender as necessidades da sociedade.

Esta pesquisa se propõe a contribuir para essa empreitada ao salientar aspectos que poderiam ser examinados nessa questão, com ênfase no tratamento das incertezas que abraçam essa tarefa. A Ação Estratégica contempla a sua execução pelo Estado-Maior da Armada, porém, os responsáveis são os políticos, os governantes de turno e as lideranças acadêmicas, militares, diplomáticas e, sobretudo, as econômicas e financeiras, de relevo no país. A tarefa não se limita aos domínios de atuação da Marinha, mas esta pode incitar a questão para os outros interessados, tanto do setor público quanto do privado. É o que se espera, como será detalhado pelos fundamentos teóricos, no próximo capítulo.

Convém lembrar que, de acordo com o PEM-2040, as Ações Estratégicas Navais são as ações concretas e adequadas à realidade do país em vários aspectos, com ênfase nos orçamentário e tecnológico, na disponibilidade de matéria-prima e capacitação. Em essência, detalham as Estratégias Navais e, a partir delas, são derivados os Planos de Ação (BRASIL, PEM-2040, 2020).

Registra-se abaixo outras AEN que contribuem para um futuro projeto de força para a Marinha:

> AEN – DEFESA – 2: Implantar a Defesa Proativa da Amazônia Azul, consoante com o Sistema de Gerenciamento da Amazônia Azul (Sisgaaz);

> AEN – POLÍTICA EXTERNA -1: Fomentar e incrementar a participação das Marinhas Amigas na Zona de Paz e Cooperação do Atlântico Sul (Zopacas);

> AEN – POLÍTICA EXTERNA – 2: Ampliar a participação de Navios e Grupamentos Operativos de Fuzileiros Navais, bem como de Oficiais e Praças da MB, em operações de Paz e Humanitárias;

> AEN – FORÇA NAVAL – 1: Desenvolver o Programa Nuclear da Marinha (PNM);

> AEN - FORÇA NAVAL - 2: Executar o Programa de Submarinos (Prosub);

> AEN – FORÇA NAVAL – 3: Obter navios de superfície para compor o Poder Naval (Prosuper e programas específicos);

> AEN – FORÇA NAVAL – 4: Obter Navios-Patrulha para compor o Poder Naval (Pronapa);

AEN – FORÇA NAVAL – 5: Obter Navios Hidroceanográficos e Navios de Apoio Antártico (Prohidro);

AEN - FORÇA NAVAL – 6: Obter aeronaves para compor o Poder Naval (Proaero);

AEN – FORÇA NAVAL - 7: Garantir o poder de combate necessário para o emprego do Poder Naval por meio da aquisição de material para atendimento da Dotação do Corpo de Fuzileiros Navais (Proadsumus);

AEN – FORÇA NAVAL - 8[43]: Obter o Sistema de Aeronaves Remotamente Pilotadas Embarcadas (Sarp-E);

AEN – FORÇA NAVAL - 9: Desenvolver a capacidade de Defesa Biológica, Nuclear, Química e Radiológica (Defnbqr);

AEN – FORÇA NAVAL – 10: Desenvolver no País os produtos aplicados em navios, aeronaves e equipamentos para os Fuzileiros Navais;

AEN – FORÇA NAVAL – 11: Promover a sistematização do desenvolvimento de conceitos estratégicos e doutrinários da MB;

AEN – FORÇA NAVAL - 12: Desenvolver o programa "Esporão". Construir o Míssil Antinavio Nacional (Mansup) e o Antinavio Ar-Superfície (Manaer).

Pelo acima exposto, depreende-se que a AEN-Defesa-1 - Desenvolver a Sistemática de Planejamento de Força no âmbito da MB servirá de orientação para o alcance das AEN relativas à Força Naval. Há várias outras AEN voltadas para as atividades subsidiárias e logísticas da MB que, por motivo de objetividade, não foram aqui registradas. Constata-se, também, que no Prosub e Pronapa subtende-se a construção dos meios, enquanto que no Prosuper o verbo obter sugere a aquisição por oportunidade. Ou seja, os substitutos do PHM Atlântico, do NDM Bahia, do NT Gastão Motta, do NE Brasil e dos Ndcc poderão ser adquiridos por oportunidade. A conferir.

Nesta altura do trabalho falta ainda abordar outras condicionantes, como as doutrinas militares em vigor, em especial a Doutrina Militar Naval.

---

[43] As AEN-FORÇA NAVAL – 8 a 12 estão atreladas à Estratégia Naval 6.3 – PODER NAVAL DO FUTURO.

Doutrina Militar de Defesa e Doutrina Militar Naval

De fato, as doutrinas militares têm valor para o preparo das Forças Armadas por exprimirem eventuais modalidades do seu emprego em breve. Podem conter equívocos, às vezes corrigidos, mas se constituem em condicionantes para a conformação de uma força no futuro.

"Essas doutrinas abrangem fundamentos e normas gerais da organização, do preparo e do emprego das Forças Armadas (FA), quando empenhadas em atividades relacionadas com a defesa do país" (DMD, 2007, p. 12). No caso brasileiro, a Doutrina Militar de Defesa aborda os fundamentos doutrinários que visam o emprego da Marinha, do Exército e da Aeronáutica na defesa da Pátria e em outras missões previstas na Constituição, nas leis complementares e em outros diplomas legais. Não contempla as concepções para a organização e o **preparo** das Forças Armadas, uma vez que esses fundamentos são estabelecidos pelos respectivos Comandos de Força. "A DMD tem o propósito adicional de prover entendimentos comuns às FA, permitindo condições para um eficaz emprego combinado[44]" (BRASIL, DMD, 2007, p. 12).

A DMD estabelece que as FA poderão ser empregadas em situações de guerra e não guerra. Na primeira, o Brasil faz uso do Poder Militar, explorando a plenitude das características de violência. Em tempo de paz as FA podem ser empregadas no âmbito interno ou no exterior para a garantia dos poderes constitucionais; a garantia da lei e da ordem; atribuições subsidiárias; a prevenção e combate ao terrorismo; as ações sob a égide de organismos internacionais; emprego em apoio à política externa em tempo de paz ou de crise[45]; e outros empregos de não-guerra. A questão se coloca: a Doutrina Militar Naval (DMN) cobre essas possibilidades, as quais ajudam a desanuviar incertezas do futuro e se contribuem para o preparo do Poder Naval?

A DMN foi aprovada pelo Chefe do Estado-Maior da Armada, em 2017, dez anos após a DMD, e substitui a antiga Doutrina Básica da Marinha (DBM). Em realidade explora mais o emprego conjunto da Marinha com as outras Forças do que o previsto na antiga Doutrina Básica da Marinha, à qual veio substituir. A DMN define doutrina como um conjunto de princí-

---

[44] Atualmente, o emprego de duas ou mais Força Armada do Brasil passou a denominar-se emprego Conjunto. O emprego Combinado, agora, refere-se ao emprego com Força Armada estrangeira, em alianças ou coalizões.

[45] Crise político-estratégica é um conflito internacional após ruptura de equilíbrio entre as partes. Não solucionado, tende a evoluir para um conflito armado.

pios, conceitos, normas e procedimentos, fundamentado, principalmente, na experiência, destinado a estabelecer linhas de pensamento e a orientar ações, exposto de forma integrada e harmônica e tem como propósito orientar o planejamento, o **preparo** e a aplicação do Poder Naval (DMN, 2017). Vale notar que o **preparo** da Força está explicitamente mencionado e, ao que tudo indica, da mesma forma equivocada da Lei 97/99.

A DMN inicia com a definição do Poder Marítimo e os seus elementos, que são os componentes das expressões do Poder Nacional, relacionados com a capacidade de utilização do mar e das águas interiores[46]. Trata-se de questão que transcende à Marinha! Segundo a DMN, os seguintes elementos constituem o Poder Marítimo: o **Poder Naval**, a Marinha Mercante, as facilidades, os serviços e as organizações relacionadas com os transportes aquaviários (marítimo e fluvial), a indústria naval, a indústria bélica de interesse do aprestamento naval, a indústria de pesca, o pessoal que desempenha atividades relacionadas com o mar, ou com as águas interiores, e os estabelecimentos destinados a sua capacitação. Estas questões são de natureza política, econômica e social, fora do domínio naval, mas a atribuição da Marinha como Autoridade Marítima impõe essas responsabilidades de natureza civil à Força Naval.

Importante ressaltar que a DMN considera o ambiente marítimo limitado a três dimensões: acima d'água, na superfície e abaixo d'água, adjacentes e limítrofes. Não contempla as dimensões espaciais e cibernéticas. Embora enumere as ações vinculadas à guerra cibernética, compreende-se que isto impõe limites ao pensamento e aos métodos para a criação de um Poder Naval. A vigilância e as comunicações satelitais são imprescindíveis para o Comando e o Controle de áreas marítimas extensas, o que será comentado mais adiante. A Amazônia Verde já dispõe dessas facilidades, embora não tenha um Comando Operacional Conjunto, como ocorre com o Comando de Defesa Aeroespacial Brasileira (Comdabra), único comando operacional da estrutura militar de defesa permanentemente ativado.

Pode parecer enfadonho para os conhecedores dos assuntos navais, mas julgo relevante registrar conceitos da DMN para os leitores menos familiarizados com o tema. Por exemplo, a conceituação do preparo do Poder Naval, objeto desta pesquisa. A DMN estabelece que o Poder

---

[46] Águas vinculadas ao domínio terrestre de um Estado, como o litoral e as águas interiores - rios, baías, lagos e lagoas.

Naval compreende os meios navais, aeronavais, e de fuzileiros navais: as infraestruturas de apoio; as estruturas de comando e controle, de logística e administrativa. As forças e o meios de apoio não orgânicos da MB, quando vinculados ao cumprimento da missão da Marinha e submetidos a algum tipo de orientação, comando ou controle de autoridade naval, serão considerados integrantes do Poder Naval. Este é o caso da aviação de patrulha marítima pertencente à Força Aérea Brasileira, empregada em tarefa vinculada à missão da Marinha, mas não sob controle operacional da MB, em tempos de paz.

Ainda mais, a DMN enfatiza:

> De uma maneira geral, os países marítimos possuidores de litoral extenso, de rede fluvial apreciável e de ponderável concentração demográfica e econômica ao longo e/ou próxima do litoral, dependem das navegações em mar aberto e nas águas interiores, essenciais, para o desenvolvimento econômico. Esses condicionamentos, além de enfatizarem a abrangência e profundidade que deve ter a Política Marítima, demandam a formulação de uma Estratégia Militar, em especial de uma Estratégia Naval, em face da gravidade, que representa para esses países, o eventual colapso do transporte aquaviário e a possibilidade da ocorrência ações antagônicas sobre elementos vitais, relacionados ao Poder Marítimo. (DMN, 2020, p. 1-5).

O texto acima contribui para confundir propósitos marítimos com propósitos navais, especialmente no caso brasileiro, onde a Marinha coincide com a Autoridade Marítima e tem atribuições de Guarda-Costeira.

A DMN mantém como tarefas básicas do Poder Naval: negar o uso do mar ao inimigo; controlar áreas marítimas; projetar poder sobre terra e contribuir para a dissuasão. Recentemente, a síntese apresentada, por estudiosos da estratégia naval, do Antiacesso à Áreas Marítimas e Negação do Uso de Áreas Marítimas (A2/AD, da sigla em Inglês), parece não se adequar ao caso brasileiro. Esta síntese (A2/AD) seria razoável ao caso brasileiro? Onde são atribuídas também à Marinha tarefas de Autoridade Marítima e de Guarda-Costeira, em ambientes fluviais e águas litorâneas, além das clássicas atribuições de uma Esquadra oceânica? Mais um significativo dilema para o preparo da Força Naval.

A DMN retrata a situação de dividir as atividades de não guerra da DMD para a Marinha, em dois grupos: atividades de emprego limitado da força e atividades benignas. Assim, o Poder Naval brasileiro deve ser concebido para essas atividades, além das clássicas da Guerra Naval. Isso também deve causar dilemas e, quando não, conflito de interesses para a Alta Administração Naval.

As atividades insubstituíveis e intransferíveis da Guerra Naval estão contidas no Capítulo III da DMN. Já as Atividades de Emprego Limitado da Força estão detalhadas no Capítulo IV, com ênfase no campo interno, onde se deve ressaltar a garantia dos Poderes Constitucionais, a garantia da Lei e da Ordem, a segurança durante viagens presidenciais em território nacional, ou em eventos na Capital Federal, as ações contra delitos transfronteiriços e ambientais, a patrulha naval, as outras atividades ilícitas quando praticadas nas águas jurisdicionais brasileiras[47], a inspeção naval, a cooperação com órgãos federais, as operações de retomada e resgate, a segurança das instalações navais, a segurança do tráfego marítimo, as operações de paz - diplomacia (preventiva, promoção, manutenção, imposição, consolidação da paz) -, a operação de evacuação de não-combatentes e a segurança de representações diplomáticas.

As atividades benignas estão detalhadas no Capítulo V, da seguinte maneira: apoio à Política Externa; operação humanitária; ação cívico-social; operação de socorro; operação de salvamento; desativação de artefatos explosivos; cooperação com o desenvolvimento nacional; cooperação com a Defesa Civil; participação em Campanhas Institucionais de Utilidade Pública ou de Interesse Social; orientação e controle da Marinha Mercante e de suas atividades correlatas, no que interessa à Defesa Nacional; segurança da navegação aquaviária; contribuição para a formulação e condução de Políticas Nacionais que digam respeito ao mar; apoio ao Sistema de Proteção ao Programa Nuclear Brasileiro; e Programas Sociais de Defesa.

A DMN pretende atender e estender as aplicações do Poder Naval estabelecidas pela DMD, destacando-se ainda que:

> Essas modalidades de emprego do poder naval não são
> exclusivas do Brasil e são consolidadas em diversas dou-

---

[47] Águas interiores e espaços marítimos, nos quais o Brasil exerce jurisdição em algum grau, sobre atividades, pessoas, instalações, embarcações e recursos naturais vivos ou não vivos, encontrados na massa líquida, no leito ou subsolo marinho, para os fins de controle e fiscalização de acordo com a lei, nacional e internacional. Caso da Zona Econômica Exclusiva (ZEE).

> trinas navais estrangeiras. [...] essas funções das Marinhas não devem ser consideradas de maneira independente entre si, pois estão intimamente inter-relacionadas, podendo ser conduzidas concomitantemente ou consecutivamente. Além disso, uma mesma operação, ação ou atividade pode contribuir, simultaneamente, para duas ou até mesmo para as três aplicações do Poder Naval (DMN, 2020, p. 2-10).

Sem dúvidas, essa miríade de atribuições para a Marinha não facilita a tarefa da Alta Administração Naval. Em síntese, à MB são atribuídas tarefas de Guarda-Costeira, Guarda-Fluvial, Autoridade Marítima e Serviços de Pesquisa Hidroceanográficos, normalmente atribuídas à outras instituições, em outros países. Enquanto a dissuasão reflete a postura do ouriço na Amazônia e no Atlântico Sul, por outro lado, essa diversidade de atribuições ao Poder Naval instiga a postura estratégica da raposa. Outro dilema: ouriço ou raposa? Conforme a conceituação de atitudes estratégicas de Isaiah Berlin: "a raposa sabe muitas coisas, já o ouriço sabe uma coisa muito bem"[48] (IGNATIEFF, 2000, p. 122).

Mas, voltemos à questão do Comando e Controle, com a ajuda de Carlos Augusto de Fassio Morgero[49], pesquisador em Ciências Militares e Defesa:

> O litoral brasileiro, banhado em toda sua extensão pelo Atlântico Sul, possui uma concentração de unidades militares das três Forças Armadas. Ao longo da costa atlântica, a Marinha possui sede de Distritos Navais nas cidades de Belém, Natal, Salvador, Rio de Janeiro, São Paulo, e Rio Grande. O Exército e a Força aérea possuem, respectivamente, sedes de Comandos Militares de Área e dos Comandos Aéreos Regionais, nas cidades de Belém, Recife, Rio de Janeiro, São Paulo e Porto Alegre. Esses grandes Comandos e suas organizações militares subordinadas estão vocacionadas, entre outras atribuições para realizar a Defesa do litoral brasileiro e do Atlântico Sul. No atual modelo brasileiro, em uma situação de crise ou conflito armada, um Comando Operacional será ativado e um comandante Operacional e seu Estado-Maior serão designados para conduzirem as atividades no nível Operacional. Tendo em vista que, em

---

[48] https://www.wsj.com/articles/the -reality-behind-isaiah-berlins-fox-and-hedgehog-essay-1408144444.

[49] Oficial do Exército e Doutorando do Programa de Pós-Graduação do Instituto Meira Matos/Escola de Comando e Estado-Maior do Exército (IMM/ECEME).

> tempo de paz, os Comandos permanentes brasileiros são todos singulares[50], observa-se que a estrutura ativada será formada exclusivamente para atender à questão que gerou o seu acionamento. Será esse realmente o modelo para a realidade brasileira? Que aperfeiçoamentos poderiam ser realizados na estrutura dos comandos Operacionais e na sua forma de ativação? (MORGERO, 2016, p. 33).

Morgero (2016) examinou, em seu trabalho, os Comandos Operacionais Conjuntos da Espanha, da França, do Chile, dos EUA e da Argentina. A França, os EUA e a Argentina compartilham o Atlântico Sul como Área de Responsabilidade[51] dos seus comandos operacionais conjuntos. Esses comandos evitam reagir sem o preparo antecipado às situações que potencialmente serão vivenciadas, pois, ao acompanhar a evolução da situação em suas áreas de responsabilidades, podem se capacitar a prever situações futuras e contribuírem para o preparo de suas forças para emprego nesse futuro vislumbrado. Isso, atualmente, não ocorre no Brasil, constituindo-se em desafio de simples solução, não custosa, mas que embute riscos e vulnerabilidades desnecessários. Opina-se que devam ser ativados pelo menos dois desses comandos. Um voltado para o TOT da Amazônia e outro para o TOM do Atlântico Sul, ambos subordinados operacionalmente ao Chefe do Estado-Maior Conjunto no Ministério da Defesa.

Conclusões Parciais

Neste capítulo, iniciado com breve circunstanciamento do quadro mundial do ponto de vista dos Estudos Estratégicos, procurou-se firmar os chamados "condicionantes nacionais", entendidos como os documentos emitidos pelo Estado brasileiro para o preparo e a ação de sua Defesa. Como assinalado na Introdução deste trabalho, este prévio conhecimento, em seu formato oficial, será aplicado numa análise fundamentada em vetores teóricos críveis, tendo em vista o objeto desta investigação: o preparo do Poder Naval do país.

O capítulo, retome-se, foi dividido em três partes. A primeira sintetizou, em voo de pássaro, a retórica institucional dos mais altos documentos de Estado sobre a Defesa e a Segurança do país: a Constituição Federal, a

---

[50] Comandante e Estado-Maior oriundos de uma mesma Força Armada. Com exceção do COMDABRA, Comando Operacional Conjunto permanentemente ativado.

[51] Area of Responsability (AOR) em inglês.

Política Nacional de Defesa, a Estratégia Nacional de Defesa, o Livro Branco da Defesa Nacional e o Livro Verde da Defesa. A segunda parte mirou as condicionantes setoriais para o preparo do Poder Naval propriamente dito, derivados dos documentos de mais alto nível de Estado, a Política Naval, A Estratégia Naval, a Doutrina Militar de Defesa e a Doutrina Militar Naval. A última propôs das conclusões parciais que agora se seguem. Há de se ser seletivo antes de extensivo e exaustivo.

A END/20 definiu o Setor de Defesa, como componente do Sistema de Defesa Nacional, constituído pelo Ministério da Defesa e as três Força Armadas, sendo da sua responsabilidade o preparo e o emprego da expressão militar do Poder Nacional. Isto pode conduzir a um equívoco. Defesa e concepção das Forças dependem, prioritariamente, das expressões do poder econômico e político dos estados. Registrou, também, uma necessária complementariedade entre a política de defesa e a política externa, o que, na verdade, não ocorreu em boa parte da História recente do Brasil, estabelecido entre nós o Estado democrático de direito após a Constituição de 1988 (ALSINA JR., 2006).

Em relação à Zopacas, supôs-se, nos termos da END/20, comunhão do uso da dissuasão tanto no Teatro da Amazônia quanto no Atlântico Sul. Como, entretanto, não se previu a necessidade de desenvolver uma sistemática de planejamento de força para a Marinha, o Exército e a Aeronáutica, a ausência de comandos conjuntos, em princípio, para o TOM da Zopacas e para o Teatro de Operações Terrestres da Amazônia (TOT-Amazônia), contribuem para dificultar o preparo das Forças Armadas no Brasil. Entretanto, no PEM-2040, muitas dessas dificuldades foram previstas.

Quanto ao Livro Branco de Defesa, o Lbdn, contribuiu para mostrar nossa boa-fé e transparência entre os países do entorno estratégico, mas, simultaneamente, pôs a nu nossas fragilidades e vulnerabilidades, inclusive as de ordem orçamentária. Há de realçar, entretanto, que países que assumem, ou pretendem assumir, protagonismo na cena internacional, não costumam declarar suas fragilidades reais, relativizando-as ou mesmo sobre elas silenciando. Já o LVD/17 se constituiu em fator de força, em termos de poder brando (*soft power*) no cenário internacional, por mostrar os compromissos do Brasil e de suas Forças Armadas no enfrentamento das questões climáticas compartilhadas, pelo menos retoricamente, pela grande maioria dos países que compõem a sociedade das nações.

O leque das atribuições destinadas à Marinha, pelos condicionantes em pauta, afeta não somente o preparo do seu material, mas, ainda em maior intensidade, a formação intelectual dos oficiais empregados em tarefas distintas, às vezes controversas, onde a experiência não se constitui em atributo profissional. O oficialato é submetido a rodízios mecânicos em funções tão díspares, como a de Autoridade Marítima nas Capitanias de Porto, a atuação como Guarda-Costeira, Ribeirinha e Sinalização Náutica nas Forças Distritais, além de suas atividades oceânicas típicas de Esquadra, sem se falar nas de pesquisas hidroceanográficas nos navios da Diretoria de Hidrografia e Navegação[52].

Três pontos devem ser ressaltados da exposição. O primeiro coloca dilemas. A Marinha, ante a magnitude das atribuições à ela confiadas, devido à crônica falta de recursos orçamentários, terá que optar por qual tipo Força Naval: a de águas costeiras ou a de águas oceânicas? A de bacias fluviais ou a de águas costeiras? A de bacias fluviais ou a de águas oceânicas? Será possível planejar-se e obter-se uma Força Naval capaz de cumprir, equilibrada e eficazmente, todas essas missões?

O segundo diz respeito ao risco de securitização de assuntos de natureza policial e que podem levar a atitudes desproporcionais do poder naval e induzir equivocadamente o uso de força. Há de se pensar na advertência de Barry Buzan: limitar as ameaças às nações apenas às de natureza ambiental e militar. Há referências ao uso da Marinha em ações da referida natureza tanto na END/20, como no PEM-2040.

O terceiro se relaciona às dificuldades de compreensão das questões navais na PN/20, consubstanciada no Mapa Estratégico da Marinha. Para os que estão familiarizados com as questões navais, pode ser de mais fácil compreensão a síntese dos conceitos apresentados, mas não se pode supor o mesmo em relação ao público civil e, principalmente, às autoridades dos três poderes, o Executivo, o Judiciário e, principalmente, o Legislativo, onde se aloja o centro dos interesses da soberania nacional, como sempre chama atenção o ex-ministro da Defesa, Raul Jungmann. Por exemplo, as Doutrinas Militar de Defesa e Militar-Naval elencam, em primeiro lugar, as ações no ambiente interno, mas, ao mesmo tempo, apresentam ações de cooperação aplicáveis ao TOM da Zopacas ou do Atlântico Sul.

---

[52] A "Esquadra Branca" é assim conhecida pelo fato de que os navios hidroceanográficos serem pintados de branco. Os navios de guerra ganham a cor cinza em todo o mundo.

As respostas a tais dilemas, impasses e dificuldades só poderão ser dadas pelo poder político nos marcos do Estado Democrático de Direito. Consequentemente, e em respeito à Democracia, ressalta-se que a Retórica Institucional da Defesa nasce no período pós-redemocratização e após a remoção dos constrangimentos relativos aos estudos de assuntos militares. Há aqui, contudo, aspecto positivo a ressaltar. Pelo menos, nos últimos vinte anos, o país constituiu uma comunidade epistêmica, na área dos Estudos Estratégicos, com especialistas civis e militares com forte formação acadêmica. Ela se tornou capaz de municiar a classe política com conhecimentos obtidos por pesquisas e análises fundamentadas no saber científico, tal como acontece nos países que alcançaram estágio de maior desenvolvimento para sua Defesa & Segurança (FIGUEIREDO, 2015-A).

No capítulo seguinte, voltar-se-á a essas complexas questões, propondo, como já se salientou, conceitos e propostas teóricas que fundamentem a análise crítica do objeto desta dissertação, o preparo do Poder Naval.

CAPÍTULO II

FUNDAMENTOS TEÓRICOS

O preparo do poder naval é uma atividade político-estratégica vinculada ao seu emprego em um futuro verossímil[53]. Os estrategistas alicerçam os seus cálculos nas análises de cunho histórico, lastreadas em fatos e evidências da conjuntura em que se situam. Podem, assim, traçar cenários e projetar tendências. No entanto, o futuro, como a vida humana, traz sempre os dados da imponderabilidade e graus de imprevisibilidade. Colin Gray (2010) considera tal situação como elemento-chave da teoria estratégica, que deve servir como ponte entre o presente conhecido e o futuro desejado.

Na prática, segundo Gray (2014), os principais elementos que ajudam enfrentar o desafio das incertezas sobre o futuro são a política, a estratégia, a história e a análise prospectiva. Não será possível, neste capítulo, percorrer cada um dos elementos no trato do preparo do futuro Poder Naval no Brasil. Tal intento extrapolaria muito os objetivos pretendidos neste trabalho, bem mais modestos. Trata-se, aqui, de se argumentar sobre a questão central: *como preparar o poder naval para um futuro verossímil?*

Liotta e Lloyd (2005) explicam que a estratégia é um instrumento focado no longo prazo e que ajuda a conformar uma situação no futuro. Apresentam uma moldura estratégica para o projeto de força, a qual foi eleita para ser usada como fundamento teórico deste estudo, sendo preciso reforçar que, nesta investigação, a expressão *projeto de força naval* tem o mesmo significado que o de *preparo do poder naval*.

À primeira vista, o conteúdo deste capítulo parece não se adequar ao marco temporal da pesquisa; afinal, o marco temporal proposto se situa no intervalo 2008/2020. Porém, os fundamentos do Poder Naval e do Poder Marítimo e suas respectivas estratégias remontam há milênios e permanecem válidos no tempo até serem revogados. De fato, já foram

---

[53] A certeza do emprego advém do fato das marinhas serem mais usadas em tempos de paz do que de conflito.

detalhadamente analisados desde a Guerra do Peloponeso (TUCÍDIDES, 2008; KAGAN, 2006). Obviamente, não atende ao objetivo desta pesquisa – *o Preparo do Poder Naval* - examinar a evolução das estratégias navais e marítimas ao longo da História. Entretanto, não há como, no desenrolar da argumentação, deixar de fazer referências às teorias e escolas de pensamento que influenciaram as elites militares e diplomáticas no país e no mundo. Há de se observar que, hoje, acadêmicos brasileiros, civis e militares, com formação doutoral, participam ativamente dos debates na área.

Em seu livro, *Strategy Shelved: The Collapse of Cold War Naval Strategic Planning,* Steven Wills (2021) aponta que, de uma maneira geral, as marinhas foram acostumadas a determinar suas próprias estratégias, aquisições ou preparo e seus orçamentos operacionais, sem interferências das outras forças armadas ou de lideranças políticas civis, exceto dos presidentes, no caso dos Estados Unidos da América (WILLS, 2021). Ele sublinha que as tradições militares e navais são as fontes do pensamento estratégico militar e naval, apesar das mudanças de situação ou de paradigmas, com o desenrolar da História linearmente, ou seja, segundo uma trajetória similar à de uma flecha. Esta análise também pode ser estendida ao Brasil, como assinala o analista:

> [...] o autoengano pode chegar a níveis verdadeiramente delirantes, na ausência do realismo indispensável à análise da situação do Brasil e do mundo a partir de uma perspectiva sóbria e pragmática. Pragmatismo, aliás, que indica a necessidade de construção de um poder nacional minimamente equilibrado, em que haja correspondência razoável entre a projeção econômica, diplomática e político-militar da nação (ALSINA JR., 2018, p. 270).

O autoengano mencionado por Alsina Jr. contribui para a formação da *armadilha do oficialismo doutrinário*, retratado pela transposição dos princípios da hierarquia e da disciplina, praticamente inquebrantáveis no ambiente operacional militar, em tempo de conflito, para o ambiente administrativo, em tempo de paz. Na situação de paz, ganham espaço as incertezas e complexidades, próprias da dinâmica das situações nacionais e internacionais, com foco nas áreas de interesse estratégico. Tal situação pode conter tanto aspectos positivos, quanto negativos. Positivos quando o debate se mostra capaz de ganhar consenso entre os decisores e, desse modo, alicerçar o planejamento e as ações coerentes e consistentes na linha do tempo, embora possam ter sido mais ou menos controversas as querelas teóricas. Negativos, quando ocorre o contrário, as posições podem se tornar tão tensas entre os decisores que se chega mais ao dissenso do que ao consenso, o que provoca, na linha do tempo, indecisões, se não mesmo, a paralisia decisória.

Tendo em vista o marco temporal de 2008 a 2020, este capítulo se organiza em cinco seções, além desta introdução. A primeira revisita, sem pretensões exaustivas, pensadores navais considerados cruciais para melhor compreensão das questões pertinentes à análise em tela. A seguinte coloca em foco os processos atinentes aos processos de planejamento militar e a do denominado "planejamento-civil-militar". A terceira propõe o debate sobre a relação entre a estratégia e o preparo da defesa. A quarta mira as correspondências entre a estratégia e o preparo de força, enquanto a última sumariza as conclusões parciais até então obtidas.

Pensadores Navais

Ken Booth (1989) adverte que as questões estratégicas dos países nem sempre são navais. Ao mesmo tempo, incita aos estudiosos desses assuntos a reconhecer que:

> [...] será menos significativo do que nunca conceber a estratégia naval como um segmento discreto dos assuntos militares. Assim sendo, na discussão que se segue deverá ser entendido que a estratégia naval deixou de significar, simplesmente, navios de guerra. Não apenas é cada vez mais importante enfatizar a interconexão das forças navais, aéreas e terrestres, mas, acima de tudo, a "estratégia naval" passou a se preocupar com a projeção da força ou do poder militar contra o litoral. A ideia de que os navios de guerra existem para combater outros navios de guerra já teve a sua época, e foi necessário a ampliação da estratégia naval para atender a essa mudança. Nossa preocupação é com o uso dos oceanos no que concerne às implicações militares. Estas implicações serão principalmente "navais", ainda que, de forma alguma com exclusividades (BOOTH, 1989, p. 9).

A ponderação de Booth convida a considerar a integração de forças da Marinha, do Exército e da Aeronáutica em um Teatro de Operações Marítimo (TOM). Em decorrência, a ativação de um Comando Operacional Conjunto de TOM facilitará vislumbrar as necessidades futuras das suas forças integrantes (GRAY, 1997; KALDOR, 2019; COKER, 2002). Este trabalho está limitado à concepção da Força Naval ou do Poder Naval, com base na Estratégia Naval retratada pelo Plano Estratégico da Marinha de 2020 a 2040. Logo, focado exclusivamente na Marinha.

A Humanidade tem se utilizado dos mares para diversas atividades ligadas aos atributos próprios do mar. Dele, as sociedades extraem recursos vitais à sua sobrevivência. Por mares e oceanos se processam o comércio entre os países. Através dele ocorrem a troca de comunicações, o transporte de passageiros em larga escala, o intercâmbio das nacionalidades distintas. E, claro, os mares e oceanos como objeto de conflitos, no limite, das guerras de proporções variadas (TILL, 2018). Dessas atribuições, os pensadores navais deduziram dois conceitos relacionados com o uso do mar: o de Poder Marítimo e o de Poder Naval que passaram a fazer parte do inventário doutrinário das marinhas em boa parte do mundo, já tratados no capítulo anterior.

Em paralelo ao **uso do mar** por Ken Booth (1989), Eric Grove (1990) registrou o **uso das marinhas** em três categorias: diplomática, policial e militar. A diplomática relacionada aos interesses nacionais; a policial relativa à imposição da lei e da ordem no mar; e a militar decorrente dos conflitos regionais e globais por ventura existentes. Grove salienta que a confrontação global Leste-Oeste sempre existirá para as grandes potências: inicialmente, o confronto OTAN x Pacto de Varsóvia[54] e, coincidentemente, hoje em dia, a disputa entre EUA e China. Essas categorias foram representadas por triângulos cuja extensão dos lados depende do envolvimento do país em cada tipo de categoria, como a seguir ilustrado:

---

[54]   Pacto militar entre a ex-URSS e seus países satélites.

Figura 2.1 – Uso das Marinhas

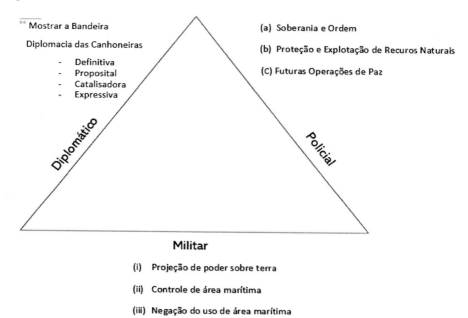

Fonte: Grove, 1990, p. 234

Figura 2.2 – Contextos do Uso das Marinhas

Fonte: Grove, 1990, p. 236

Relembra-se que, como visto no capítulo anterior, a Doutrina Militar de Defesa (DMD) conceitua o Poder Marítimo, no Brasil, como a resultante da integração dos recursos de que dispõe a nação para utilização do mar e das águas interiores, quer como instrumento de ação política e militar, quer como fator de desenvolvimento econômico e social, visando a conquistar e manter os objetivos nacionais (BRASIL, DMD, 2017).

Nessa conceituação, de caráter doutrinário, o Poder Naval é a parte integrante do Poder Marítimo, capacitada a atuar militarmente no mar, em águas interiores e em certas áreas terrestres limitadas de interesse para as operações navais, incluindo o espaço aéreo sobrejacente. Compreende as Forças Navais, incluídos os meios navais, aeronavais próprios e de fuzileiros navais, suas bases e posições de apoio e suas estruturas de comando e controle (C2), logísticas e administrativas, bem como os meios adjudicados pelos poderes militares terrestre e aeroespacial, e outros meios, quando vinculados ao cumprimento da Missão da Marinha e submetidos a algum tipo de orientação, comando ou controle de autoridade naval. Dispõe ainda que o Poder Naval deve ter a capacidade para cumprir as seguintes tarefas básicas: a) controlar áreas marítimas; b) negar o uso do mar ao inimigo; c) projetar poder sobre terra; e d) contribuir para a dissuasão[55]. O Poder Naval, nesta acepção, tem como principais características a mobilidade, a permanência, a flexibilidade e a versatilidade, de acordo com essa Doutrina (BRASIL, DMD, 2017).

Os dois parágrafos anteriores expressam o entendimento atual e oficial dos conceitos de Poder Marítimo e de Poder Naval pelo Estado brasileiro, derivados histórica e culturalmente do ponto de vista Ocidental, do qual o Brasil fez parte como Colônia, Império e República. De uma perspectiva histórica, a questão pode ser abordada desde a Guerra do Peloponeso entre Atenas, um poder marítimo, e Esparta, um poder terrestre. Afinal, "os gregos na Antiguidade claramente reconheciam a importância da Thalassocracia, ou Comando do Mar" (CREVELD, 2015, p. 79).

Entretanto, não devem ser triviais as implicações conceituais para os civis que não seguiram a carreira das armas no meio naval, resultante de longo e contínuo preparo e adestramento, tanto de caráter técnico e prático, bem como teórico desde que ingressam, bem jovens, nas instituições militares da Marinha.

---

[55] Atualmente, essas quatro tarefas navais têm sido resumidas a duas: Antiacesso à Área Marítima e Negação do Uso de Área Marítima (A2/AD, sigla em Inglês para Anti-Access/Area Denial), segundo vários autores, entre os quais Till (2018) e Vego (2019).

Esta pesquisa serve para divulgar no meio acadêmico, entre outros, prioritariamente do meio civil, a questão do preparo do Poder Naval. Portanto, considera-se necessário traduzir, em grau satisfatório, pelo menos sinteticamente, a evolução do pensamento estratégico marítimo e naval, particularmente, o pensamento estratégico naval da atualidade, com o propósito de estabelecer alicerces sólidos para o desenvolvimento da argumentação e o seu entendimento por parte de civis.

Parece um contrassenso tecer considerações sobre o preparo de um Poder Naval, em dissonância com o que hoje em dia se espera do uso das marinhas e das capacidades dos Estados em custeá-las. Obviamente, para se contrapor às ameaças e às novas ameaças, também denominadas de neo-tradicionais, na maioria das vezes não percebidas por uma sociedade, pondo em risco a sua própria sobrevivência ou dos seus interesses. A partir deste ponto, a expressão Poder Naval deve ser entendida, também, como Marinha.

Outro ponto a destacar são os possíveis equívocos na tradução do Inglês para o Português dos termos *Seapower, Maritime Power e Naval Power* perante os conceitos estabelecidos na Doutrina Militar de Defesa, anteriormente citados. *Seapower* e *Maritime Power* se aproximam, ou coincidem, com o entendimento doutrinário de Poder Marítimo. *Naval Power* coincide com Poder Naval. Já a expressão, em inglês, para *Maritime Strategy*, de acordo com alguns autores, absorve também a Estratégia Naval (*Naval Strategy,* em inglês). Milan Vego (2019) inicia seu texto tratando indistintamente a Estratégia Naval e a Estratégia Marítima (*Naval or Maritime Strategy,* no original). A questão se torna paradoxal, no mínimo controversa, diante do fato das marinhas serem mais empregadas em tempo de paz do que em tempo de conflito[56].

A questão marítima passou a ser analisada, em maior profundi-dade, no final do século XIX, por Alfred Tahyer Mahan (1840/1914)[57] em sua obra *The Influence of Sea Power Upon History – 1660 -1783*. Nesta obra clássica, Mahan se revela tanto um historiador quanto um estrategista ao examinar o desenvolvimento do Império Britânico com base em seu Poder Marítimo e Naval. Em seguida, no início do século XX, o britânico

---

[56] Neste trabalho evitar-se-á, ao máximo, o termo Guerra pelo fato de se considerar inapropriado para a indigente situação atual militar do Brasil; em respeito à Escola Realista das Relações Internacionais e aos preceitos constitucionais.

[57] Autor norte-americano, Oficial de Marinha, Professor e Diretor da Escola de Guerra Naval dos Estados Unidos da América (USNWC, sigla em inglês para US Naval War College).

Sir Julian S. Corbett[58] (1854/1922), publicou *Some Principles of Maritime Strategy*, obra também de referência para a Estratégia Naval, a partir de então. Esses autores leram Carl von Clausewitz (1780/1831), considerado o maior teórico da guerra na contemporaneidade e, até hoje, leitura obrigatória pela comunidade dos Estudos Estratégicos. Corbett menciona o General prussiano como um homem que ensinou a necessidade de se estudar a profissão militar sistematicamente (CORBETT, 1911). Afinal, a ação estratégica é contínua e permanente, como constataremos mais adiante. Nesta pesquisa, Mahan, Corbett e Clausewitz serão referidos como os clássicos.

Recentemente, apareceram estudiosos que, de uma forma ou de outra, atualizaram o pensamento dos clássicos e contribuíram para a formação de ideias, conceitos, estratégias e doutrinas navais em todo o mundo, com ênfase operacional. Citar todos fugiria ao propósito deste trabalho e ao conhecimento do autor. Porém, cinco estudiosos devem ser ressaltados: Eric Grove (1990), Ken Booth (1989), James R. Holmes (2010), Geoffrey Till (2018) e Milan Vego (2019)[59]. Os quatro primeiros por apresentarem atualizações do pensamento dos clássicos, e o último por dar ênfase ao Poder Naval dos mais fracos. Existem autores brasileiros entre os quais se sobressaem os almirantes João Carlos G. Caminha (1980), Arlindo Viana Filho (1995), Armando Amorim Ferreira Vidigal (1985), Mário César Flores (1988) e o diplomata João Paulo Soares Alsina Júnior (2006, 2009, 2015, 2018) que serão igualmente considerados no desenvolvimento desta dissertação.

Holmes (2019) enfatiza que segundo Mahan, o poder militar é um simples acessório subordinado a outros interesses maiores: econômicos e comerciais. Prosperidade é o objetivo, uma vez que a vitalidade econômica gera as receitas governamentais necessárias para financiar uma marinha. "Por em marcha e sustentar um ciclo virtuoso entre economia, diplomacia e poder naval é a essência de uma estratégia marítima" (Holmes, 2019, p. 3). Salienta, ainda, que os componentes ou elos interconectados do poder marítimo são a produção nacional; navios mercantes para exportação e importação; mercados e fontes de matérias primas no exterior; e uma marinha de guerra para protegê-los não se somam, se multiplicam. A ausência de um deles leva o produto a zero. Isto explica o que ocorre nos

---

[58] Advogado, novelista e Assessor do Almirantado britânico.

[59] Colin S. Gray, Liotta, P. H. e Lloyd, Richmond serão explorados na fundamentação da Estratégia para o preparo da defesa ou de força armada.

dias de hoje com o uso da bandeira de conveniência[60] nos navios mercantes. O Panamá, a Libéria ou a Grécia não se constituem em potências navais.

Os elementos ou condições principais para a constituição de um poder marítimo e, por consequência, de um poder naval são: "Posição Geográfica; Conformação Física; Extensão do Território; População; Caráter do Povo; e o Caráter do Governo incluindo o das Instituições Nacionais" (MAHAN, 2004, p. 30 a 58).

> Mais recentemente, o Professor Eric Grove (1990) atualizou esses elementos ou principais condições para: *"Primeira Ordem:* 1. Poder Econômico; 2. Capacidade Tecnológica; 3. Cultura Sociopolítica. *Segunda Ordem:* 1. Posição Geográfica; 2. Dependência do Mar em termos de: (a) comércio marítimo, (b) marinha mercante, (c) construção naval, (d) pesca, (e) zona econômica marítima; 3. Política e Percepções Governamentais (GROVE, 1990, p. 231)

Nos aspectos relativos à posição geográfica e conformação física, citados por Mahan, há de se adicionar as desigualdades socioeconômicas no interior de suas respectivas sociedades e identificamos similaridades entre a Índia e o Brasil. De igual forma, com respeito ao poder econômico e à dependência do mar, como citado por Grove. A Índia se lança como um trampolim sobre o Oceano Índico com uma vertente oriental do seu litoral e outra vertente ocidental. O Brasil, por sua vez, se projeta sobre o Atlântico Sul com uma vertente setentrional e outra meridional do seu litoral. Essas coincidências incitam conhecer a estratégia e o preparo do Poder Naval indiano, como veremos mais adiante.

Feito esse parêntese, retorna-se a Corbett (1911), que se debruça sobre a teoria e a condução da guerra naval, e Milan Vego (2019), que faz o mesmo com relação às marinhas mais fracas. Corbett chama a atenção para o fato de que nada parece mais impraticável e menos promissor do que abordar o estudo da guerra como uma teoria. Em outras palavras, uma advertência aos leitores de *Some Principles of Maritime Strategy* para o seu uso e limitações. Ele aborda, com maior ênfase, o uso operacional das marinhas em tempo de guerra, especialmente o controle de áreas marítimas, as formas de obtê-lo, e a disputa ou negação desse controle, por ele chamado de Comando do

---

[60] Bandeira do navio mercante não corresponde ao do país do seu proprietário.

Mar. No que concerne ao *preparo do poder naval,* Corbett se manifesta ao longo de vinte páginas sobre a "teoria dos meios - a constituição das esquadras" (CORBETT, 1911, p. 93 a 113).

Ainda mais, no tempo do poder naval unidimensional[61], Corbett aponta o *Dilema de Nelson* na concepção das marinhas: mais *navios de linha*[62] ou *cruzadores?* Estes últimos serviam para fustigar as linhas de comunicações marítimas do adversário, também como esclarecedores e defensores das esquadras de batalha – *battlefleets* -, enquanto os primeiros constituíam as linhas de batalha montadas para vencer as batalhas decisivas. Derrotada a esquadra inimiga, por meio de uma batalha decisiva, obtinha-se o Comando do Mar ou, modernamente, o Controle de uma Área Marítima. Ainda havia a classe de navios que formavam as flotilhas, de menor tamanho e valor militar, empregados na defesa de costa.

Para Corbett, as classes de navios de uma marinha retratavam a expressão material dos pensamentos estratégico e tático navais prevalecentes, em um determinado período de tempo. Portanto, as marinhas variavam, não apenas com as ideias, como também com o material em voga. Sua teoria contemplou a substituição da vela pelo vapor e o aparecimento do torpedo nas flotilhas (CORBETT, 1911). Tanto Mahan, quanto Corbett viveram em sociedades que dispunham ou identificaram a necessidade de se desenvolver uma mentalidade marítima. Corbett, no Reino Unido, e Mahan, nos EUA, na segunda metade do século XIX e início do século XX.

Na Introdução deste trabalho abordou-se, superficialmente, fatos que concorreram para inibir o desenvolvimento de uma mentalidade marítima no Brasil, antes e após a transmigração da Família Real para o Rio de Janeiro. Mencionamos que as elites lusitanas não conseguiram resolver, *consistente e coerentemente,* o dilema de crescer para dentro - ocupar o território e produzir riquezas – e não proteger o comércio marítimo dessas riquezas – crescer para fora. Foi mencionada a Convenção Anglo-Portuguesa de 22 de outubro de 1807. Totalmente fora do marco temporal desta pesquisa, mas com repercussões culturais ainda sentidas no período de 2008 a 2020. Vejamos o que registra o historiador Hélio Viana sobre esta Convenção:

---

[61] Atuação limitada à superfície das águas. Hoje, o Poder Naval atua em cinco ambientes: espacial, aéreo, superfície, submarino e cibernético.

[62] Navios pesados, com maior número de canhões, usado prioritariamente nas linhas das batalhas decisivas.

> Na Convenção anglo-portuguesa de 22 de outubro de 1807, relativa à transferência da sede da monarquia portuguesa para o Brasil, encarou a Inglaterra a eventualidade do fechamento dos portos lusitanos aos seus navios, por imposição do Império francês. Prometeu proceder com toda a moderação, quanto a Portugal, tendo em vista que viessem a cair em poder dos franceses, no todo ou em parte, tanto a Marinha de Guerra como a Mercante do país amigo, ou qualquer das colônias portuguesas. Na mesma Convenção ficou estabelecido que, no caso de ser proibida a frequência dos portos lusitanos aos ingleses, ser-lhes-ia aberto um porto na Ilha de Santa Catarina ou em outro ponto da costa brasileira, pelo qual poderiam ser importadas, em navios britânicos, as mercadorias portuguesas e inglesas, pagando os mesmos direitos então vigente em Portugal, durante este acordo até novo ajuste (VIANNA, 1977, p. 373).

Quebravam-se, assim, dois elos do poder marítimo referentes ao transporte marítimo e à proteção dos navios mercantes. Vivia-se no mercantilismo, onde o Brasil e as outras colônias portuguesas negociavam apenas com a metrópole, no caso, Portugal. A proteção das linhas de comunicações marítimas, a partir da Convenção de 1807, era mantida pela Marinha de Guerra lusitana e transferida, em parte, para a Marinha Real britânica. Resultando em nenhum motivo para desenvolver-se uma mentalidade marítima autóctone entre os brasileiros, mesmo após a Independência e até os nossos dias republicanos. Apesar dos esforços, desde o 2º Reinado (Mauá) até os anos 1980, desenvolvidos para a manutenção da Marinha Mercante, como registrado pela propriedade de petroleiros[63] e graneleiros por parte da Petrobrás e da Companhia do Vale do Rio Doce[64], respectivamente.

Mesmo diante dessa situação, o Prof. Eduardo Ítalo Pesce advogava pela vocação oceânica do Brasil:

> O atendimento das múltiplas necessidades de nossa defesa nacional torna urgente e necessário aumentar os recursos disponíveis para as Forças Armadas. A Marinha do Brasil, mesmo lutando com enormes dificuldades, sempre afirmou sua *vocação oceânica*. Isto é de importância fundamental,

---

[63] https://luiscelsonews.com.br/2022/04/27/viva-a-fronape-frota-nacional-de-petroleiros-orgulho-do-brasil/. Acesso em: 28 jun. 2022.

[64] https://exame.com/negocios/vale-vai-encerrar-operacoes-da-docenave-m0076758/. Acesso em: 1 jul. 2022.

> num momento em que, apesar das sérias desigualdades ainda existentes, o país volta a despontar, após duas décadas de estagnação, como líder regional e potencial ator de âmbito mundial. A adoção de uma estratégia nacional e de uma estratégia militar com enfoque tipicamente marítimo seria amplamente benéfico para as nossas relações comerciais, assim como para nossa defesa (PESCE, 2002, p. 25).

Mais recentemente, Vego (2019) cita que a maioria das marinhas do mundo são fracas e que tal situação não se modificará em breve. Ao todo, são cerca de 115 marinhas nessa situação. Motivado pelo fato de que os clássicos da estratégia naval só explicavam como os poderosos conquistavam o "domínio do mar" e não examinavam, apropriadamente, as posturas aconselháveis às marinhas mais fracas, Vego decidiu faze-lo. Com exceção, talvez, de Corbett e Raoul Castex (1878-1968),[65] os pensadores navais clássicos das potências marítimas focavam quase que exclusivamente no Comando ou Controle do Mar. Em resumo, os pensadores navais clássicos e contemporâneos só examinaram a atitude estratégica dos mais poderosos (VEGO, 2019).

Foge ao escopo deste estudo detalhar todas as posturas estratégicas citadas por Milan Vego, contudo considera-se conveniente mencionar o que ele retrata como aspectos a ser considerados pelo poder naval do mais fraco[66]. Entre outros, destacam-se: posturas defensivas versus ofensivas; pré-requisitos para os mais fracos disputarem o controle de área marítima contra um poder naval mais forte; evitar uma batalha decisiva; desgaste do adversário mais forte; furar bloqueio; desgastar a economia do mais forte; defesa de costa e pontos focais (VEGO, 2019).

E prossegue Vego, com respeito à estratégia naval dos mais fracos em tempos de paz:

> Geralmente, os principais elementos de uma estratégia naval em tempo paz são os seguintes: Determinar os objetivos estratégicos navais; Preservar/Reforçar as posições da estratégia marítima do país; Preservar/construir alianças ou coalizões navais; Prever o caráter da futura guerra no mar; Determinar o teatro dos esforços principais e secundários;

---

[65] Almirante e estrategista francês, criador do Instituto de Altos Estudos da Defesa Nacional, com o propósito de reduzir o hiato intelectual entre civis e militares na França.

[66] Considera-se o Poder Naval brasileiro como fraco diante da presença permanente de potências navais no Atlântico Sul: EUA, Inglaterra e França.

> Distribuir as forças navais pelos teatros; e **Determinar a futura constituição (tamanho e composição) das forças navais** (VEGO, 2019, p. 4, grifo nosso).

Admita-se que tais itens, apresentados por Vego, são, no todo ou em parte, vislumbrados pelo Estado brasileiro no contexto da Política e da Estratégia Nacional de Defesa. No tocante à Estratégia Naval, em tempo de conflito, Vego enumera outros elementos entre os quais vale a pena registrar dois. Primeiro, "criar condições estratégicas favoráveis antes do cessar das hostilidades no mar" e, segundo, "criar **programas de construção naval pós-hostilidades**" (VEGO, 2019, p. 18, grifo nosso).

Tanto nas estratégias navais em tempo de paz como em tempo de conflito, Vego mantém **o preparo do poder naval** como um elemento essencial da Estratégia Naval dos mais fracos. Ao longo deste trabalho, constataremos que o Preparo do Poder Naval é uma tarefa político-estratégica de natureza contínua e regenerativa. Não é atividade de governos, é uma tarefa do Estado onde não há receitas para executá-la e deve ser inexoravelmente conduzida em tempos de paz.

Prosseguindo nessa caminhada teórica, veja-se o que dizem sobre tais temáticas outros pensadores navais contemporâneos. Geoffrey Till, bem como Milan Vego sintetizam em duas as quatro tarefas básicas do Poder Naval: dificultar o acesso à Áreas Marítimas e negar o uso de Áreas Marítimas (A2/AD, da sigla em Inglês para *Anti-Access / Área Denial*), inicialmente, voltadas para as disputas entre os EUA e a China, no Mar do Sul da China. Notar que Till, com foco na Estratégia Naval dos EUA[67], enquanto Vego, focado no Poder Naval dos mais fracos, chegaram ao mesmo resultado.

Importante realçar que a evolução do pensamento estratégico naval acompanha os ambientes incorporados às ações navais. Na época de Mahan, as marinhas eram unidimensionais, isto é, atuavam apenas no ambiente da superfície dos mares. Hoje, as marinhas exercem atividades no espaço, no ar, na superfície, no meio submarino e cibernético. Isso impacta no preparo do poder naval neste século e impõe dilemas ao se buscar o equilíbrio das expressões das marinhas nessas cinco dimensões. Ademais, tudo era mais claro quando o inimigo era conhecido e as ameaças dele provenientes eram analisadas e simuladas, antes de ocorrerem. Essa

---

[67] *A Cooperative Strategy for 21ˢᵗ Century Seapower – CS21R.* Estabelecida em 2007 e revista em 2015.

situação deixou de existir com o fim da Guerra Fria, pelo menos entre os brasileiros.

Os marinheiros profissionais eram preparados para combater inimigos identificados que impunham ameaças conhecidas. Natural que o preparo dos combatentes no mar fosse priorizado para a vertente operacional da Estratégia Naval, como apresentado na Introdução desta pesquisa. Tanto no Brasil, quanto no exterior.[68]

No Brasil, o Almirante Caminha expressa, em plena Guerra Fria:

> Quanto à fundamentação das decisões estratégicas mostrou-se a conveniência de uma abordagem cartesiana aos problemas de confronto. As dúvidas quanto à validade das generalizações implícitas em concepções teóricas, as desconfianças em relação às soluções doutrinárias e a evidência de que toda situação estratégica é única encarecem a necessidade de um método que considere todos os fatores da situação com o maior rigor possível. Sem uma abordagem cartesiana, a Estratégia corre o risco de edificar-se sobre alicerces inseguros ou converter-se em obra de impulso ditada pela intuição do estrategista. Da abordagem cartesiana à tomada de decisão no âmbito militar surgiram os chamados Processos de Planejamento Militar (CAMINHA, 1980, P. 543).

Processos de Planejamentos Militar e Civil-Militar

Em sentido amplo, tais concepções, acima brevemente elencadas, embasam, até hoje, o Processo de Planejamento Militar (PPM) e são o cerne dos cursos de Estado-Maior nas Forças Armadas de diversos países. O Processo se divide em três etapas: Exame da Situação; Desenvolvimento do Plano de Ação e Elaboração de Diretiva; e Controle da Ação Planejada[69]. O Processo é aplicado por um Estado-Maior, a fim de assessorar um Comandante na solução de um problema militar durante um conflito. No Exame da Situação, analisa-se detalhadamente as variáveis do problema e as linhas de ação adequadas, exequíveis e aceitáveis para resolvê-lo. É

---

[68] Há inúmeros estudiosos sobre o tema. Recomenda-se Martin van Creveld (2015), A. Glótochkin (1987), A. Epichev (1973), entre outros.

[69] O autor deste trabalho foi instrutor da simulação da terceira etapa desse processo, o Controle da Ação Planejada, por meio dos Jogos de Guerra, na Escola de Guerra Naval.

eleita a linha de ação mais aceitável, isto é, a que proporcione a melhor relação custo/benefício. Nessa altura do processo é onde se empregam os conhecimentos estratégicos operacionais e os princípios de guerra aplicáveis à situação estabelecida. Em seguida, definida qual a linha de ação a ser empreendida, desenvolve-se o seu plano de ação e elaboram-se as ordens para as forças componentes da operação.

Ora, os militares profissionais não fazem guerra para testar os seus planos de ação para as diversas hipóteses de guerra em vigor. Assim, ficaram impedidos de aplicá-los diante de um inimigo conhecido e impossibilitados de tentar prever surpresas e deficiências dos seus próprios planos, especialmente as de natureza logística. A solução foi, e ainda é, simular um conflito ou crise por meio das técnicas de Jogos de Guerra ou Jogos de Crise[70]. Nesses jogos, o inimigo era representado por outro grupo de militares, organizados como um Estado-Maior, que simulavam as atitudes adequadas, exequíveis e aceitáveis do inimigo contra nossas próprias forças.

Todo esse processo de treinamento dos combatentes foi desenvolvido diante de inimigos conhecidos e situações previsíveis de combate, decorrentes das operações planejadas para um Teatro de Operações, na busca por alcançar objetivos militares que garantissem o alcance do(s) objetivo(s) político(s) da guerra. Interessante notar que o Processo poderia evidenciar potenciais incertezas limitadas ao domínio da tática e do nível operacional, em curto espaço de tempo.

Paralelo a todo esse processo de análise de combates modulados pela política, estratégia, tática, logística, em tempos de guerra e diante de inimigo conhecido, vinculado à dinâmica dos movimentos de forças, existe um outro processo desenvolvido em tempos de paz no domínio da política, da estratégia, da incerteza com relação a um futuro desejado que governarão um planejamento ou preparo de força. Essa estratégia leva ao planejamento de força, de ordem estática, onde não existe movimento de forças, talvez apenas imaginário, em futuro previsível e preponderantemente intelectual. Este é o denominado **"processo de planejamento civil-militar" objeto** deste estudo: o **Planejamento Estratégico para o preparo da Força Naval ou o Planejamento Estratégico para o preparo do Poder Naval**. Não existe no país um Estado-Maior, ou grupo de assessores qualificados, para esse tipo de planejamento para o preparo de força.

---

[70] Peter Perla é um conhecido especialista nesta atividade e autor do livro *The Art of Wargaming*.

Nem organizações tipo Estado-Maior, formadas exclusivamente por militares, detêm as capacidades para este tipo de planejamento cívico-militar.

Nesta altura, é adequado enfatizar a diferença entre os dois processos de planejamento. O primeiro, de natureza operativa é exercitado nos cursos de Estado-Maior das forças em ações táticas, de curto prazo, num teatro de operações virtual e contra um inimigo conhecido. O outro é de natureza, predominantemente, intelectual abrangendo as mesmas variáveis política, estratégia de longo prazo, prospectiva, com o propósito de configurar uma força armada, em futuro verossímil, diante das incertezas advindas desse futuro. Em ambos os processos tratamos da política, da estratégia, no planejamento das operações no primeiro, e no planejamento de força no segundo. Yarger (2008) cita que o Pensamento Estratégico[71] abrange a política, a estratégia e o planejamento das operações no conflito, enquanto num projeto ou planejamento de força, em tempo de paz, a política "se resume a dar uma orientação, resultado do processo político para uma decisão. Enquanto a estratégia e o planejamento são de natureza apolítica e aderentes a disciplinados modelos intelectuais" (YARGER, 2008, p. 9).

Naquelas condições da Guerra Fria, nada mais compreensível que os pensadores navais brasileiros priorizassem os aspectos operacionais emergentes do emprego do Poder Naval em detrimento do seu preparo. Ora, o preparo de uma força naval não se limita ao seu material, mas, principalmente, ao preparo do seu pessoal. Nesse diapasão, Vidigal enfatizava que esse preparo possuía dois aspectos, o material e o intelectual. Neste último, enfocava a necessidade de um pensamento ou cultura naval independente e priorizou este aspecto nos seus estudos (ALMEIDA, 2022). Ele obteve suas experiências profissionais durante a Guerra Fria, quando a Marinha, como as outras do Ocidente Europeu e das Américas, seguiam as estratégias navais emanadas pela Organização do Tratado do Atlântico Norte (Otan) e pelo Tratado Interamericano de Assistência Recíproca (Tiar), ditadas pelos Estados Unidos da América.

Naquele período, o Brasil dispunha de navios de guerra, em sua esmagadora maioria, de origem norte-americana, via o *Military Assistance Program* (MAP). As doutrinas táticas provinham dos EUA[72], e o Brasil não dispunha de Política ou Estratégia de Defesa, nem manuais táticos

---

[71] *Strategic Thinking* no original.

[72] Doutrinas Táticas contidas no Manual de Procedimento Tático Aliado. *Allied Tactical Procedures Handbook* (ATP), no original. Volume 1 - Doutrina, Volume 2 – Sinais de Comandos Táticos.

para a Marinha. Vivi este tempo como Segundo-Tenente. Meu primeiro navio, onde embarquei em setembro de 1972, era alugado pelos EUA via o MAP. Ainda como Segundo-Tenente, fui designado para compor a primeira Tripulação do Contratorpedeiro Rio Grande do Norte, D 37[73], então adquirido pelo Brasil, em 1973. Naquela ocasião, era admitido o uso de peças do uniforme da Marinha dos Estados Unidos, em especial o chapéu. Havia oficiais que usavam o uniforme branco, com camisa de manga curta, inteiramente da Marinha dos EUA. A Marinha daquele país era o padrão a ser alcançado e existia uma admiração pelos seus navios mais modernos e pelas atitudes do seu pessoal que se avizinhava ao fascínio, apesar dos tropeços na Coréia e no Vietnã. Essa questão psicossocial e cultural parece exigir uma investigação especial: o fascínio do poder militar dos EUA sobre os militares latino-americanos e os brasileiros, em especial.

O Almirante Flores (1988) dedicou atenção ao preparo da Marinha de forma mais independente e expressou suas dúvidas, comentários e sugestões ao final da Guerra Fria:

> O preparo do Poder Naval brasileiro está submetido a uma dificuldade tão importante quanto a carência de recursos, a saber: a insuficiente consistência das convicções estratégicas que o orientam. Resulta de aí ser difícil estabelecer um entendimento de amplo consenso, duradouro e objetivamente seletivo, sobre a Marinha dos próximos 10 a 30 (ou mais) anos, período para o qual são adotadas agora importantes decisões de aprestamento. A prática atual é melhor do que a vigente quando os meios eram selecionados (dir-se-ia mais bem aceitos) de listas de disponibilidades do Military Assistance Program (MAP), naturalmente influenciados por interesses norte-americanos. Assim é certo que o programa de preparo naval hoje vigente está montado sobre fundamentos razoavelmente articulados que, na oportunidade de sua formulação, foram admitidos como adequados para o Brasil. Entretanto, embora reconhecendo que já demos bons passos adiante, seria temerário afirmar que esse programa é perfeito (não consideradas, é claro, as limitações impostas pela falta de recursos), pois alguns dos seus alicerces conceituais são, no mínimo vulneráveis a dúvidas que emergem com o passar dos tempos (FLORES, 1988, p. 16).

---

[73] Ex-*USS STRONG, DD758,* na Marinha dos EUA.

Ora, essas reflexões de Flores são posteriores à denúncia do MAP, em 1977, e à conclusão do programa de construção de fragatas e submarinos[74] novos, no estado da arte, na Inglaterra, como apresentado na Introdução. Flores ainda apresenta três famílias de dúvidas decorrentes da dificuldade de lidar com as incertezas por não se conhecer o futuro desejado:

> Sintetizando e concluindo essas dúvidas que, repito, não são as únicas de citação possível: a ausência de uma política de defesa que reflita o entendimento nacional sobre os problemas brasileiros de segurança, a natural inclinação humana no sentido de serem evitados os riscos inerentes às previsões de maior prazo e a força conservadora de conceitos e modelos estrangeiros, clássicos e atuais, nem sempre coerentes com nossos problemas, tendem a debilitar o apoio conceitual do preparo da Marinha. Destaco, por sua importância de alicerce básico, o fato de que se não proporcionarmos melhor oxigenação nacional para a inspiração político-estratégica desse preparo, ele continuará sujeito aos ventos personalistas e às conjunturas passageiras (FLORES, 1988, p. 18).

Flores menciona aspectos tratados por outros estudiosos do preparo ou planejamento de força. No ano 2000, o Capitão-de-Mar-Guerra Reformado Salvador Ghelfi Raza defende a sua tese de Doutorado, intitulada *Sistemática Geral de Projeto de Força: Segurança, Relações Internacionais e Tecnologia,* na Universidade Federal do Rio de Janeiro (Ufrj).

O trabalho de Ghelfi Raza traduz um esforço de pesquisa significativo pelo fato de não haver material bibliográfico no país, apesar da promulgação da primeira Política de Defesa Nacional, em 1996. Raza apresentou as quatro vertentes da sua metodologia para investigar o projeto de força de acordo com a sua origem: *RAND Corporation USA, US National Defense University, US Naval War College,* e o *US Department of Defense.* E adverte:

> [...] essas quatro vertentes indicam uma influência determinante dos EUA na formulação prática e conceitual do projeto de força que acaba polarizando esse mesmo estudo segundo padrões eminentemente americanos. Este trabalho baseia-se, eminentemente, nas fontes americanas (RAZA, 2000, P. 53).

---

[74] Fragatas da classe Niterói e submarinos da classe Oberon.

Essa característica da pesquisa de Raza não invalida a aplicação dos conhecimentos ali contidos à situação brasileira. Pelo contrário, a sistemática apresentada é útil como ponto de partida para o desenvolvimento de um processo a ser elaborado pelo Estado, como previsto no PEM-2040, já mencionado anteriormente.

Enfim, como tratar essa questão hoje em dia, 20 anos após o trabalho de Raza? Ainda mais, diante da ausência de um inimigo reconhecido pelo Brasil ou das ameaças por ele impostas ao Poder Naval? As situações do futuro são desconhecidas. Então, qual estratégia adotar para o preparo das forças, em especial das forças navais, objeto desta investigação? Como ser cartesiano em um ambiente de incertezas?

A partir dos anos 1990 até os dias de hoje, estudiosos no exterior, especialmente no Reino Unido e nos EUA, passaram a enfrentar o desafio de trabalhar com as incertezas advindas de um futuro desconhecido para dimensionar forças necessárias em horizonte de tempo definido. Em 1995, Henry Bartlett e outros publicaram "A Arte da Estratégia e o Projeto de Força"[75] e, dez anos depois, Liotta e Lloyd disseminam a "Moldura Estratégica para o Projeto de Força".

Colin Gray publica sua trilogia sobre Estratégia e Projeto de Defesa no período de 2010 a 2014[76]. Esses autores serão abordados em maiores detalhes para consolidar os alicerces[77] teóricos desta pesquisa. Portanto, esta pesquisa não é tão diferente da pesquisa de Ghelfi Raza, com relação à fundamentação teórica em autores estrangeiros.

Estratégia e Preparo da Defesa

Começa-se por Colin Gray, por apresentar trabalho mais abrangente sobre o Planejamento da Defesa. Em seguida, Bartlett e Liotta & Lloyd por proporem, uma moldura teórica aplicável ao Projeto de Defesa e ao Projeto de Força, com ênfase nas Forças Armadas de um país. Gray afirma que a predominante atenção está contida no exame dos métodos ou das maneiras pelas quais podemos tratar o desafio imposto pelas incertezas, incluindo as ameaças militares. Por Planejamento da Defesa o estudioso contempla o preparo para a defesa de uma política a ser seguida em um

---

[75] *The Art of Strategy and Force Planning*, no original.

[76] *The Strategy Bridge: theory for practice (2010); Perspectives on Strategy (2013);* e *Strategy & Defence Planning: Meeting the Challenge of Uncertainty (2014).*

[77] Os mesmos alicerces que instigavam as dúvidas do Almirante Flores.

futuro de curto, médio e longo prazo, o que exige atividades contínuas. Chama a atenção para o preparo do aconselhamento militar para a viabilidade das opções e para seleção da escolha de uma linha de ação como política. Enfatiza a questão da seleção e projeto de uma grande estratégia e de uma estratégia militar, assim como as exigências relativas ao projeto, elaboração e administração dos programas e planos militares. Sublinha a necessidade de coordenação com as atividades complementares de ordem política, social, econômica, e diplomática, não menos importante do que a concentração e a avaliação de dados de inteligência para estimativa de riscos e ameaças à política escolhida. A cooperação em sintonia com os aliados, com as complexidades das contradições relativas às questões tópicas ou pontuais.

Com isso, Gray entende que a defesa precisa assentar-se em um futuro, antecipado ou não, por intermédio de um planejamento de precisão variável ou, na ausência de planejamento, fundamentar-se simplesmente na sorte. O planejamento exige unidade de substância ao longo do tempo, espaço, cultura, política e tecnologia. Pode ser interpretado como uma missão voltada para o preparo das mentes dos planejadores de defesa e dos políticos responsáveis por dirigir as ações desse planejamento.

Os desafios para uma eficaz postura neste tema são mais severos do que os expostos por Clausewitz, uma vez que o General prussiano tratou da condução da guerra, diante de um inimigo conhecido, ao invés de uma preparação adequada para a uma eventual possibilidade contra um desconhecido, na maioria das vezes. A arquitetura lógica da estratégia com seus métodos, meios e fins, na prática histórica, está temperada por personalidades humanas e suas crenças. Ao longo da História da Humanidade, os principais elementos funcionais das sociedades podem ser resumidos em Política, Planejamento da Defesa, Estratégia e Incertezas (GRAY, 2010).

A tarefa de planejar a defesa deve fornecer a explicação de um futuro antecipado para a segurança nacional e trata-se de um trabalho teórico. Pôr em prática, ou mesmo tentar realizá-lo, é uma tarefa hercúlea. O planejamento da defesa é uma tarefa relativamente moderna, mas a sua execução tem sido permanente, mesmo com a significativa base do contexto fixada no passado. Daí, se extrai os contextos do projeto ou do planejamento de defesa: História, Estratégia, Prospectiva e Política. Portanto, o projeto de defesa, sem dúvida, é necessário e predominantemente político, como já visto na Introdução. É uma tarefa dos políticos governantes, representantes legítimos do povo (GRAY, 2010)

Mais ainda, a função da Estratégia possui três elementos interdependentes: meios, fins e métodos. Na essência, a Estratégia fornece uma moldura, na qual o projeto de defesa é discutido, dirigido e implementado por seres humanos que conformam e dirigem esse empreendimento estratégico. É da responsabilidade dos políticos harmonizar os meios, os fins e os métodos assessorados por diplomatas, economistas, industriais, cientistas políticos e sociais, e militares. A **estrutura básica do projeto de defesa** assenta-se em suposições e pode ser representado pela Figura 2.3:

Figura 2.3 - Estrutura Básica do Projeto de Defesa

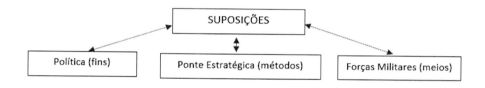

Fonte: elaborado pelo autor

Nesta Figura, os *Fins Políticos* expressam as escolhas ou preferências dos políticos, os quais usualmente o fazem com pouca atenção para os métodos e o uso dos meios militares necessários para o alcance desses fins. Os *métodos estratégicos* ou a *ponte estratégica* deve ser interpretada como a direção a ser adotada para o emprego dos *meios militares*. Esta ponte precisa ser construída, uma vez que a direção ou a guiagem da Política é fraca e às vezes ausente. Quando um político decide empregar suas forças armadas, seus militares irão praticar o tipo de guerra que venha privilegiar o que acreditam ser sua arma mais forte. Essa crença militar sobre a melhor prática da guerra é usualmente conhecida por doutrina e, algumas vezes, como estilo de guerra para um contexto particular. Já as *Suposições* são assumidas e mantidas sobre cada tipo das três categorias – *Fins, Meios e Métodos* – e como essas categorias se relacionam. Sem dúvida, é uma tarefa complexa e dinâmica ou movediça (GRAY, 2010).

Foge ao escopo deste trabalho discutir ou detalhar a teoria da Estratégia segundo Gray, porém, parece-nos fundamental apresentar um resumo do que ele considera como o único instrumento para elaborar um projeto de defesa como uma <u>TEORIA GERAL DA ESTRATÉGIA PARA O PREPARO DA DEFESA.</u>

A Grande Estratégia é a direção e o uso de alguns ou todos os meios de uma comunidade de segurança, inclusive os instrumentos militares, para os propósitos de uma política escolhida. Em linhas gerais, a sua compreensão chama a atenção para o fato de que a Estratégia Militar é a orientação para o uso da força ou da ameaça do seu uso para os propósitos de uma política. Nesse sentido, a Estratégia é a única ponte construída e mantida para conectar os propósitos da política com os instrumentos militares ou outros instrumentos de poder, ou de influência, disponíveis. Se a Estratégia serve instrumentalmente à Política gerando o efeito estratégico líquido, ela é controversa, pois faz parte da paz e da guerra, sempre na busca de controle sobre inimigos, aliados e neutros.

Por isso, mesmo a Estratégia requer despistamento, frequentemente é irônica, e ocasionalmente paradoxal; ela é humana. Se, por um lado, a ideia e caráter das estratégias são guiados, não impostos ou totalmente determinado pelo contexto, os quais estão em movimento e podem ser realisticamente entendidos como constituinte de um único supercontexto, por outro, a Estratégia contém uma natureza permanente, enquanto estratégias (planos ou intenções) possuem caráter variável, guiadas, mas não ditadas pelos seus únicos e movediços contextos, cujas necessidades são expressas nas decisões de indivíduos ou instituições. A Estratégia tipicamente se processa por meio do diálogo e negociações, mas tem o seu valor demarcado por ideias e atitudes, levando-se em consideração que, historicamente, determinadas estratégias são sempre guiadas e conformadas por cultura e personalidade, enquanto a teoria estratégica não.

No plano da sua <u>execução</u>, requer competência dos condutores da estratégia, porquanto ela é mais difícil de se entender e executar do que políticas, operações e táticas: a fricção de toda natureza é um fenômeno inseparável da concepção e da execução da Estratégia. A estrutura da função da Estratégia é mais bem compreendida ao envolver os propósitos políticos, os métodos ou caminhos escolhidos e os meios viabilizadores (especialmente, mas não exclusivamente, os meios militares) e que o empreendimento como um todo é informado, conformado, e pode ser dirigido pelas predominantes suposições, tanto por aquelas reconhecidas, quanto pelas não reconhecidas.

A Estratégia pode se manifestar por diversas estratégias, que podem ser diretas ou indiretas, cumulativas ou sequenciais, de atrição ou de manobra para aniquilação, persistente ou de golpe, mais ou menos expedicionária, ou uma complexa combinação dessas alternativas. Todas as estratégias são conformadas por seu contexto geográfico, mas a Estratégia em si, não. A Estratégia é, uma atividade humana em pensamento e em atitude, praticada em um contexto tecnológico dinâmico. Toda concepção estratégica guarda um marco temporal. Estratégia não pode ser dissociada da logística, já que não poderá existir Estratégia sem as devidas provisões logísticas. A Teoria da Estratégia é a fonte fundamental das doutrinas militares, enquanto as doutrinas são orientadoras e, ao mesmo tempo, um guia para as estratégias. "Como consequência, toda a ação militar na sua execução é tática, mas produz efeitos nos níveis operacional e estratégico, intencionais ou não" (GRAY, 2014, p. 71 e 72).

Esse brevíssimo resumo teórico pode elucidar aos planejadores da defesa quais os aspectos mais relevantes sobre o seu trabalho, e, ao mesmo tempo, evitar equívocos de análises superficiais. Em sua essência, é uma ajuda de memória – *aide memoire* - sobre tópicos a considerar no projeto da Defesa: Motivação; Prioridades; Tolerância com os Erros; Consciência e Certeza; Política e Economia; História e Estratégia. Conhecer a História para aprender prioritariamente com os erros estratégicos dos outros. Vale lembrar, as derrotas políticas e militares dos EUA no Vietnã, Iraque e Afeganistão; da ex-Urss[78] também no Afeganistão e, enquanto escrevo, as dificuldades da Federação Russa na Ucrânia.

Por fim, Gray apresenta uma lista de sugestões úteis para os planejadores de defesa. Enfatiza que a arquitetura da teoria geral da Estratégia é a base para um potencial exitoso projeto de defesa por abarcar fins, métodos, meios e suposições, sendo que a prudência é a mais importante qualidade de um projeto de defesa, minimizando, ao máximo possível, o cometimento de "pequenos erros" que podem, entretanto, ter efeitos danosos na concepção estratégica como um todo.

Se a história da estratégia[79] é a fonte mais útil para a educação dos planejadores de defesa e estrategistas em geral, o futuro é desconhecido e

---

[78] União das Repúblicas Socialistas Soviéticas, desmembrada em 1991.

[79] A História da Estratégia está sintetizada em *A History of Strategy* de Martin van Creveld (2015).

nenhuma metodologia poderá torná-lo menos desconhecido. A Estratégia em si é, realmente, de natureza política ao conciliar os fins, os métodos e os meios disponíveis; assim, os recursos para o preparo da defesa depende da vontade política, antes de se constituir numa questão econômica, mas sempre se levando em consideração o fortalecimento, onde e quando possível, perante outras alternativas (GRAY, 2014).

Nesta altura do estudo, sem temer qualquer redundância com os conceitos de Gray, examine-se, brevemente, a abordagem de Bartlett, Holman e Somes (1995) por duas razões. A primeira, é a modelagem simples das principais variáveis a considerar num Projeto de Defesa. O Modelo de Bartlett é de fácil memorização por estrategistas planejadores de defesa. A segunda razão se expressa por meio das escolhas estratégicas, usualmente tomadas pelos responsáveis do preparo da defesa. Os autores são norte-americanos e externaram suas ideias logo após o desmembramento da URSS, ocasião que os EUA desfrutavam da hegemonia do poder global, com euforia.

O modelo facilita os estrategistas evitarem desequilíbrios entre as principais variáveis no processo e as armadilhas inexoráveis à complexidade da tarefa. Bartlett ressalta que mudanças bruscas no ambiente de segurança podem alterar radicalmente os objetivos nacionais em uma determinada região do mundo. Por exemplo, a queda do muro de Berlim e suas consequências. Considera também as variações dos centros de polos de poder, tendências dominantes, incertezas críticas envolvendo a interdependência econômica, as demandas domésticas dinâmicas e seus requisitos culturais, religiosos, demográficos e étnicos. Alerta, também, para a questão do meio ambiente e o avanço tecnológico. O Modelo de Bartlett retrata o Projeto de Defesa e a Estratégia como processos cíclicos e regenerativos, como salientado por Gray e, posteriormente, ratificados por Liotta e Lloyd, como se verá mais adiante. No que diz respeito à Estratégia, Bartlett julga não apenas ser semelhante aos planos para ganhar um jogo, seguindo as regras estabelecidas. Ainda mais, o estrategista deve também julgar se vale a pena jogar o jogo. No preparo da defesa, os instrumentos são usualmente de natureza econômica, diplomática e militar e os riscos de perder o jogo decorrem das incertezas.

Figura 2.4 – Modelo de Bartlett

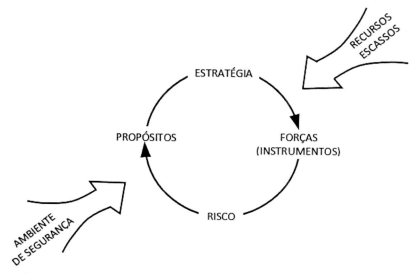

Fonte: elaborado pelo autor

Bartlett ainda salienta as eventuais armadilhas para os planejadores de defesa. Por exemplo, a orçamentária. Nem sempre os orçamentos refletem a (in)segurança do ambiente internacional e implicam hiatos entre a capacidade militar e o surgimento de ameaças ou "novas ameaças", as quais foram tratadas no capítulo anterior. Enumera uma série de princípios práticos, entre os quais cabe destacar que a seleção da melhor ponte (estratégia) depende das expressões econômica, política e militar do poder nacional; que o estabelecimento das prioridades precisa conciliar demandas conflitantes e os recursos limitados; que a visão dos riscos de erro e ações corretivas devem estar sempre no radar do estrategista. Trata-se de se saber se vale a "pena jogar o jogo", se a Estratégia escolhida é, afinal, adequada aos fins políticos pretendidos. Para Bartlett, o projeto de defesa se apresenta como um desafio à "arte da imaginação estratégica"[80].

Estratégia e Preparo de Força

Dez anos após a divulgação do trabalho de Bartlett, Holmes e Somes, dois outros professores da mesma instituição, a Escola de Guerra Naval

---

[80] *A Challenge Art* no original.

dos EUA[81] (USNWC), P. H. Liotta e Richmond M. Lloyd apresentaram um trabalho que vai se constituir na referência teórica desta pesquisa. Não apenas ratificaram o modelo de Bartlett, como também sintetizaram, com antecipação, a posterior trilogia de Gray de 2010, 2013 e 2014. Na moldura entre o hoje e o amanhã, Liotta e Lloyd desenham um arco que traduz a estratégia para o preparo de força como uma ponte, semelhante com a proposta formulada por Gray, na Inglaterra, cinco anos depois. Não se trata de uma coincidência fortuita, mas da expressão de autores que estudam o mesmo tema – Projetos de Força e de Defesa – na Europa e nos Estados Unidos.

Gray aprofundou a questão da Estratégia para um projeto de defesa nacional, enquanto Liotta & Lloyd fizeram o mesmo voltados para uma moldura estratégica aplicável tanto para um projeto de defesa nacional, quanto para o preparo de uma força armada. Os trabalhos de Liotta, Bartlett e Gray se complementam e dão segurança para quem estuda um tema envolvido por incertezas e pela ausência de referências, como aqui no Brasil. Como já visto na Tese do Comandante Ghelfi Raza, com base em autores norte-americanos, neste trabalho também usamos autores norte-americanos, britânicos e brasileiros na teoria. Na prática, sedimentamos esta pesquisa nos documentos oficiais condicionantes para um preparo do poder naval, do Estado brasileiro, como visto no capítulo anterior.

De início, Liotta[82] afirma que a Estratégia é um instrumento de longo prazo que ajuda a conformar um ambiente no futuro. Em outras palavras, sem Estratégia não haverá orientação para o futuro desejado, esbarrando-se numa sequência de crises que nos fazem sofrer, por meio de reações intempestivas. No melhor, a Estratégia nos levará para algum lugar próximo de onde desejaríamos chegar. Enfim, a Estratégia produz uma abordagem sistemática que dialoga com mudanças e incertezas que podem alterar situações ou não.

Segundo Liotta, a Estratégia nos deve ajudar a encontrar respostas para as seguintes perguntas: o que fazer? (objetivos políticos); como planejar fazê-lo? (execução da estratégia); quais obstáculos? (ameaças, vulnerabilidades, desafios e oportunidades); o que está disponível? (decisões uni ou multilaterais, alianças ou coalizões, instituições internacionais,

---

[81] *United States Naval War College (USNWC)*

[82] A partir deste ponto, os autores Bartlett, Holman e Somes; Liotta e Lloyd; e Gray serão mencionados apenas pelos sobrenomes, Bartlett; Liotta; e Gray para simplificação.

forças disponíveis, instrumentos econômicos, políticos, diplomáticos e de inteligência); quais os desajustes? (riscos, deficiências, surpresas, vícios culturais); e por que fazer isto? (objetivos políticos necessários e desejados). Esta última pergunta caracteriza a Estratégia como um processo cíclico e regenerativo, e se relaciona com a proposta de Bartlett, que se traduz na pergunta: queremos mesmo jogar este jogo?

A Estratégia é complexa e procura dialogar com as realidades de hoje (situação de segurança atual) e planejar as alternativas possíveis do amanhã (situação de segurança futura). A falta de um claro conjunto de objetivos focados em uma robusta estratégia de defesa nos habilitará somente a reagir intempestivamente, ao invés de moldar os eventos que afetam os interesses nacionais. Trata-se de um poderoso investimento no porvir, evitando-se as consequências desastrosas dos erros de planejamento.

A Figura 2.5, a seguir, idealizada por Liotta & Lloyd como uma ferramenta para compreender os conceitos fundamentais da estratégia para o preparo de força e oferecer uma sistemática útil para organizar o pensamento dos estrategistas planejadores de força. Fica evidente a diferença entre a estratégia de viés operacional, comentada anteriormente por Caminha, a qual incorpora a dinâmica dos meios. Já a estratégia exigida para o planejamento de força com base em Gray, Bartlett, e sintetizada por Liotta & Lloyd, trata-se de uma estratégia de viés estático, predominantemente intelectual, necessariamente executada em tempos de paz por civis e militares.

A moldura, ao lado das perguntas, possui uma parte superior indicada pela seta preta voltada para baixo (⬇) e uma parte inferior indicada pela seta preta voltada para cima (⬆). A parte superior corresponde ao trabalho da Estratégia e suas decisões, enquanto que a parte inferior corresponde ao trabalho interligado do Projeto de Força e suas decisões. Por em cima da moldura, encontra-se um arco que coincide com o conceito de Estratégia de Gray (2010) como uma ponte. Gray chegou a comentar sobre a necessária formação de profissionais qualificados para desenvolver um projeto de força. Considerou válida a tentativa de habilitar militares profissionais para tal fim.

No que concerne às decisões estratégicas, exige a identificação dos interesses nacionais, objetivos nacionais, a estratégia nacional de defesa, aglutinando as tradicionais expressões do poder (político, econômico e militar) como também as influências emergentes trazidas dos setores de informação e cultura.

Figura 2.5 – Moldura de Liotta & Lloyd

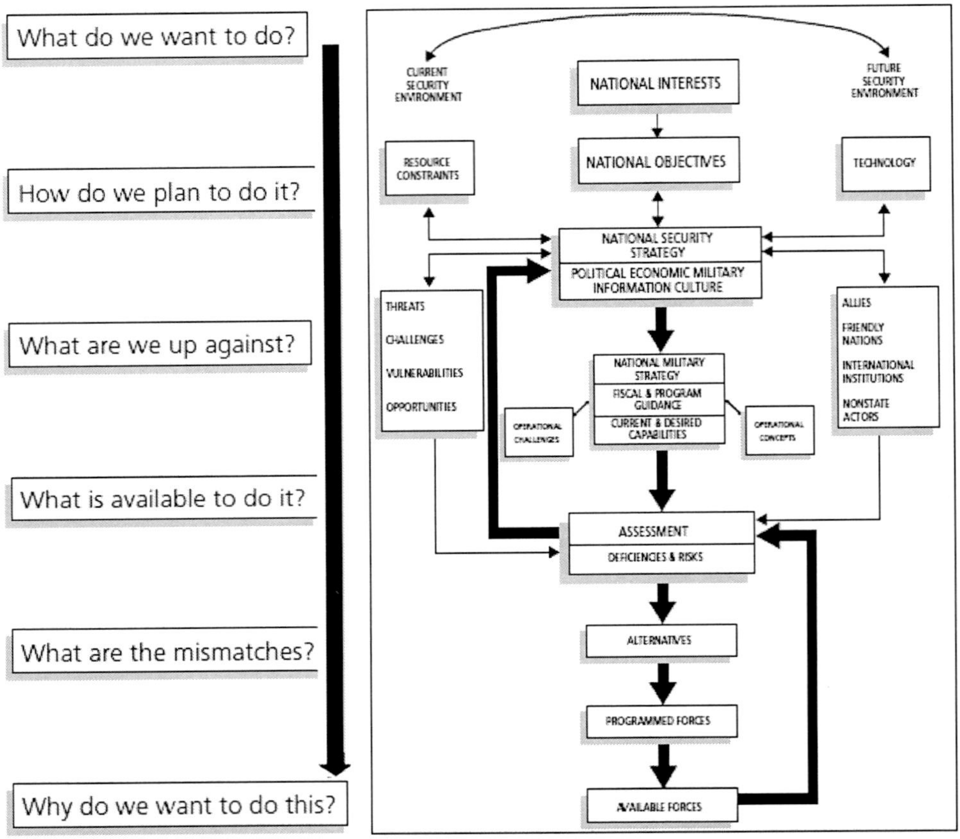

Fonte: Liotta & Lloyd, 2005, p. 133

A parte inferior da moldura se prende ao projeto de força propriamente dito. Este projeto de força fundamenta-se nas forças existentes e as futuramente pretendidas, as quais dependerão das estratégias militares, programas orçamentários e fiscais, e a influência da capacidade militar existente e a desejada. "No ambiente naval, desde que navios levam anos para ser concebidos, projetados, financiados, e construídos, a falta de navios adequados é uma questão quase que predeterminada no preparo do poder naval" (LIOTTA, 2005, p. 6).

À esquerda da moldura estão fatores que afetam os ambientes da segurança hoje, levando-se em conta ameaças, desafios, vulnerabilidades e oportunidades. À direita, encontram-se fatores que condicionam e influenciam a Estratégia: o papel dos aliados e nações amigas, os custos e as oportunidades oferecidas por instituições internacionais, e a inegável presença de atores não estatais no ambiente da segurança. Igualmente, como antevisto por Bartlett, a moldura reconhece que os recursos escassos, entre os quais a tecnologia, são fatores críticos para conformarem, distorcerem e até dirigirem o desenvolvimento de uma estratégia nacional de defesa ou de uma força armada.

Conclusões Parciais

Neste capítulo, foi enfatizada a constatação da ausência do realismo indispensável à análise da situação do Brasil e do mundo. Examinou-se, sem pretensões exaustivas, pensadores navais considerados cruciais para melhor compreensão das questões pertinentes à análise em tela. Colocou-se em foco processos atinentes ao Planejamento Militar, assim como os processos concernentes ao Planejamento Civil-Militar. Propôs-se o debate sobre a relação entre a estratégia e o preparo da defesa e o diálogo entre a estratégia e o preparo de força.

Da análise pode-se, primeiro, concluir que, embora o uso do mar não tenha sido alterado ao longo da História, as quatro tarefas básicas do Poder Naval se concentraram, para estudiosos contemporâneos, em apenas duas: Antiacesso à área marítima e negação do uso de área marítima (A2/AD, sigla em Inglês). Já o uso das marinhas depende do entendimento de governantes e grau de desenvolvimento econômico dos países. No caso brasileiro, há maior demanda pelo emprego policial, típico de guarda-costeira. Logo, existem dilemas resultantes da escolha de tipos de navios e o incremento das dimensões da atuação do Poder Naval.

A falta do desenvolvimento de uma mentalidade marítima, entre os brasileiros, pode ter raiz na história e na cultura, desde os tempos coloniais; há distintas estratégias voltadas para o uso operacional das marinhas e outra destinada ao preparo dessas marinhas, ou do poder naval. Constata-se que somente a estratégia operacional é tratada, convenientemente, na formação dos Oficiais de Marinha, no Brasil. Já a estratégia usada no preparo de forças funciona como uma ponte para um futuro desejado, existem evidências de que não seja estudada, de modo adequado, no meio naval brasileiro. Contudo, em contrapartida, existem ferramentas que podem ser usadas para atenuar o efeito das incertezas advindas do futuro. Enfim, existem dois processos de planejamento militar: um voltado para o planejamento de operações e outro destinado ao preparo de força - sendo este último o objeto desta pesquisa.

Em segundo lugar, a análise permitiu concluir que há uma espécie de "armadilha do oficialismo doutrinário", ao transportar-se dogmas do ambiente operacional para o administrativo. Nesse último, as incertezas, deficiências, desafios, riscos, diagnósticos e prognósticos nem sempre são levados na devida dimensão pelos decisores. Isso pode levar - e isso tem sido frequente, no caso brasileiro - a decisões que não se sustentam na linha do tempo, já que, havendo alternância de decisores nos mais altos escalões hierárquicos, não se encontra base consensual para o encaminhamento de uma Estratégia para o preparo de força persistente, coerente e consistente em seus próprios termos, em uma palavra, autossustentável.

Permanece a questão: como explorar essas ferramentas teóricas, com as condicionantes nacionais, com vista ao **preparo do Poder Naval brasileiro**, objeto central desta dissertação? É o que será abordado no próximo capítulo.

CAPÍTULO III

PREPARO DO PODER NAVAL

Este capítulo procura identificar os desafios e os dilemas que se constituem, em essência, nas principais dificuldades existentes para o preparo do Poder Naval brasileiro, no início do século XXI.

O professor Martin van Creveld registra dois pertinentes aspectos sobre previsões ou predições. O primeiro está relacionado à maneira de como a História vem sendo percebida ao longo dos tempos. De acordo com ele, durante séculos, na Antiguidade e na Idade Média, o tempo se repetia, os anos passavam, mas os homens os enxergavam de maneira repetitiva: o plantio, a colheita, as estações do ano, o calendário religioso. Faziam parte do dia a dia as disputas entre os nobres. Dormia-se, acordava-se, cumpria-se as tarefas diárias, procriava-se. O historiador percebia a História segundo modelos cíclicos e/ou repetitivos. Com a Revolução Industrial, entre meados dos séculos XVIII e XIX, o tempo, por assim dizer, ganhou em velocidade e aceleração. A História passou a ser percebida como a trajetória de uma flecha, partindo do passado, atravessando o presente com destino ao futuro, sem volta. Houve uma revolução nas mentalidades. Diz ele: "isto significa que o futuro não é o Apocalipse, como previsto inicialmente pelos profetas Hebreus e Cristãos, mas o futuro aqui na Terra" (CREVELD, 2020, p. 227). De lá para cá - e já se está nos tempos da Quarta Revolução Industrial –, sabe-se hoje que a vida pode mudar em segundos, basta se ter em vista o fantasma da Terceira Guerra Mundial.

O aspecto seguinte está relacionado a uma metáfora, o futuro é como uma flecha que percorre o espaço em aberto que pode mudar de direção a cada instante. Creveld salienta três principais dificuldades neste aspecto. A primeira propõe que, quanto maior o papel dos fatores psicológicos e sociais (ao contrário de fatores físicos) em conformar o presente e o futuro, mais difícil se torna predizer o futuro. A segunda está ligada aos detalhes. Quanto mais detalhada for a predição, mais facilmente será equivocada. A terceira pondera que, geralmente, quanto mais remoto for o futuro, maior a complexidade da cadeia de eventos que levam a esse futuro, portanto, menos precisa será a sua predição[83]. Assim, nesta parte da análise, alertada por essas considerações e tendo-se focado até agora no período 2008/2020, o horizonte do exame adiante contempla o futuro dos 20 anos próximos, de acordo com o Plano Estratégico da Marinha (PEM 2040). Seja lá como for, entretanto, não se pode pretender prever e planejar o futuro, a não ser tendo-se em vista os acontecimentos da história, pois só ela propicia avaliação e projeção do presente que transcorre.

Este capítulo, além desta breve Introdução, divide-se em três seções. A primeira retoma a moldura teórica proposta por Liotta & Lloyd, já adiantada no capítulo anterior, propondo-a como guia e roteiro da análise do Projeto de Força Naval, no caso brasileiro. A segunda, ancorada nos preceitos teóricos em lide, simula a travessia de uma espécie de ponte, tendo como ponto de partida o inventário da Marinha de hoje, e como ponto de chegada a Marinha do futuro, como preconizada na Estratégia Naval projetada para 2040 (PEM-240). Ao longo da travessia, comentar-se-á cada aspecto da moldura, sugerindo-se respostas julgadas aceitáveis para as perguntas formuladas do ponto de vista teórico de Liotta & Lloyd. Por fim, as conclusões parciais.

A Moldura Teórica

No capítulo II, a moldura teórica de Liotta & Lloyd foi apresentada e foram destacados, embora brevemente, cada um dos seus aspectos centrais. A proposta dos autores, embora pensada a partir da perspectiva de especialistas estadunidenses, foi concebida de modo a permitir que, substantivamente, pudesse ser aplicada, genericamente, a qualquer Projeto Estratégico de qualquer país, seja na concepção integrada de todas suas forças armadas, seja na concepção singular de cada uma delas. Cabe retomá-la, tendo em vista a sua aplicação como espécie de bússola teórica, não só traduzindo-a para o Português, mas com as devidas adaptações voltadas para a análise do Projeto de Força Naval no caso brasileiro.

Essa moldura foi adaptada pelo autor, para o "Projeto de Força da Marinha do Brasil", incorporando os documentos que, vistos no capítulo I desta análise, componentes da Retórica Institucional da Defesa Nacional[84], seguindo a ordem hierárquica desses documentos e coincidente com a da moldura.

---

[83] Aos interessados no assunto, sugere-se o estudo de *Seeing Into the Future: a Short History of Prediction*, de Martin Van Creveld, 2020. Nascido em Israel, em 1946, ele é atualmente professor da Universidade Hebraica de Jerusalém, sendo autor de mais de trinta livros sobre história militar, estratégia e Estudos Estratégicos em geral. É mundialmente conhecido pela qualidade e extensão de sua obra, tendo sido professor visitante em vários institutos civis e militares de ensino superior ao redor do planeta.

[84] CF/88, PND/20, END/20, PN/20, DMD e DMN.

Figura 3.1

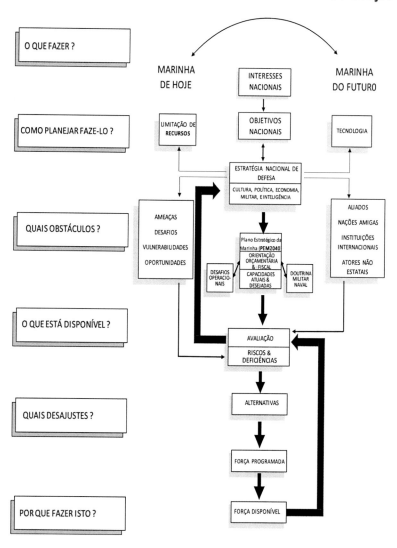

Fonte: elaborado e adaptado pelo autor

O eixo central expressa essa hierarquia por meio das setas no sentido de cima para baixo. Ao mesmo tempo, por meio das setas mais grossas, no sentido de baixo para cima, ressalta o caráter retroalimentativo do processo. Nada de novo, abordagens estratégicas internacionalmente conhecidas como *top-down* e *bottom-up review*.

O arco superior entre a Marinha de hoje e a Marinha do futuro (2040) confere o significado da conceituação da Estratégia como uma ponte, ou uma corda bamba por onde o estrategista terá que caminhar como um equilibrista, até alcançar o fim do percurso - o objetivo político (GRAY, 2010; GADDIS, 2019).

O esquema teórico aqui moldado para os objetivos pretendidos por esta análise, serve como ferramenta para a compreensão da interação dos conceitos fundamentais da Estratégia para o Projeto de Força e, ao mesmo tempo, oferece uma abordagem sistêmica para a organização do pensamento dos estrategistas planejadores de força. A sua utilização pode ser variada: (I) pode ser um guia para o desenvolvimento de alternativas estratégicas e de forças desejadas; (II) como um meio para sustentar as argumentações desses estrategistas e planejadores, com coerência e consistência; ou (III) como ponto de partida para o desenvolvimento de abordagens alternativas para estruturar mudanças, com variada intensidade, até as mais extremas, no planejamento de força. Requisito fundamental para o seu uso é dispor de uma precisa Estratégia Nacional de Defesa (LIOTTA & LLOYD, 2005). Embora tardiamente, o Brasil a tem, desde 2008, nas suas variadas versões.[85]

Estratégia Nacional de Defesa (END/20)

De fato, a END/20 não parece ser suficiente para balizar o preparo do Poder Naval. Está voltada para todas as expressões do Poder Nacional. A atribuição de prioridades não diferenciadas em ambientes distintos – Amazônia e Atlântico Sul – deve introduzir dilemas à Administração Naval. Afinal, a MB possui atribuições e unidades nos dois teatros à diferença do que ocorre com o Exército. Em contrapartida, a Força Aérea possui suas unidades de Patrulha Marítima mais voltadas para o Atlântico Sul.

---

[85] O governo Temer enviou ao Congresso proposta de alterações na Política Nacional de Defesa, na Estratégia Nacional de Defesa e o Livro Branco de Defesa Nacional. O decreto legislativo 179/2018 atualizou os três documentos. As novas normativas foram publicadas em 17/12/2018, no *Diário Oficial da União*. Cf. *https://www12.senado.leg.br/noticias/materias/2018/12/20/novas-diretrizes-para-a-defesa-nacional-ja-estao-em-vigor*. No dia 22/07/2020, o Ministro da Defesa do governo Bolsonaro levou ao Congresso Nacional propostas de alterações nos três referidos textos, até hoje não foram homologados pelo Parlamento. Cf. https://defesa.uff. br/2020/08/17/analise-critica-da-pnd-end-e-lbdn-versao-2020/.

Ressalte-se que, nesta pesquisa, e à discrição do autor, elencou-se a **Esquadra**, onde se concentram os meios navais oceânicos, como objeto principal da conformação do Poder Naval. Talvez até influenciado pela formação e experiências profissionais no Serviço Ativo, até 2006.

A Política, em sua essência, é uma dinâmica onde ocorre o entrechoque entre governantes e governados. Não é fácil defini-la brevemente, um dos maiores teóricos políticos do século XX, Norberto Bobbio, precisou de nove páginas para conceituá-la, com notável erudição e capacidade de síntese (BOBBIO, 1986, p. 954-963). Porém, para efeitos imediatos nesta análise, pode-se propor que a orientação política é o ponto de partida da Estratégia, a qual se constitui num processo intelectual disciplinado e aplicado para eleger meios, fins e métodos para alcançar as orientações da política. Já o Planejamento é um processo de solução de problemas definindo os meios, fins e métodos da solução escolhida (YARGER, 2008). Assim, o Planejamento da Força Naval ou o Preparo do Poder Naval, deverá ser intimamente correlacionado aos propósitos da Estratégia Nacional de Defesa e da Estratégia Naval (PEM-2040).

Neste ponto, convém ressaltar que, de qualquer modo, a PND/20 e a END/20 fornecem sinais para o preparo do Poder Naval. O primeiro é o monitoramento das águas jurisdicionais por satélites, o que deve ser estendido para o Atlântico Sul, por motivo da Zopacas. O segundo é a eleição de duas áreas marítimas prioritárias para monitoramento e fiscalização: as proximidades da Foz do Amazonas e a faixa de Santos (SP) até Vitória (ES), atendidas, preliminarmente, pelo Sisgaaz e pelos Navios-Patrulha do 4º e 1º Distritos Navais, em Belém e no Rio de Janeiro, respectivamente (PND/20).

Interesses e Objetivos Nacionais

Os interesses e objetivos nacionais são dados pela Constituição Federal, pela Política Nacional de Defesa e pela Estratégia Nacional de Defesa. A formação de uma comunidade latino-americana de nações por meio da integração econômica, política, social e cultural dos povos da América Latina impulsiona o Poder Naval a se relacionar com as marinhas dos países vizinhos da América do Sul, no Atlântico e no Pacífico. Embora a costa da América do Sul no Pacífico esteja fora do entorno estratégico definido pela PND/20.

De outra parte, o fortalecimento da Zopacas orienta o Poder Naval para as extensões oceânicas até a margem ocidental africana do Atlântico Sul e ao Caribe. Impõe-se considerar no contexto do entorno estratégico, a presença de potências navais externas à região: França, Reino Unido, EUA e, mais recentemente, a China (SILVA, 2022).

Supõe-se estar caracterizado mais um dilema para o preparo do Poder Naval. Como agir? Preparar-se para atuar como uma raposa ou um ouriço? O resultado dessas reflexões parece orientar-se para os compromissos assumidos na Zopacas. E, com esse propósito, se mostra adequado preparar-se para agir como uma raposa em relação aos países lindeiros do Atlântico Sul, a leste e a oeste, e como um ouriço em relação às marinhas das potências navais extrarregionais presentes. Não há alternativas para com essas potências extrarregionais: dissuasão ou dissuasão. O submarino convencional de propulsão nuclear é o meio que parece adequado para alcançar esse propósito.

Há uma diversidade de medidas junto às marinhas africanas e sul-americanas, que já vêm sendo adotadas pelo Estado brasileiro, mas que podem ser aprimoradas, as quais contribuirão assertivamente para o fortalecimento da Zopacas. Entre outras, destaque-se: intensificar o intercâmbio de pessoal, criar cursos de socorro e salvamento, prática de exercícios[86] dessa atividade no mar, a fim de padronizar técnicas e equipamentos usados para esse fim. Quem sabe, criar uma escola de cooperação e paz do Atlântico Sul? Compartilhar com esses países técnicas de controle naval do tráfego marítimo já praticadas entre Argentina, Brasil e Uruguai.

O foco central de todas essas alternativas é o intelecto dos parceiros: despertar confiança e demonstrar o real compromisso do Brasil com a cooperação na manutenção da segurança e da paz no Atlântico Sul. Essa diversidade de medidas justifica a postura de uma raposa para com os integrantes da Zopacas, sem despertar o Dilema da Segurança. Essas questões são fundamentais para o emprego futuro do Poder Naval, logo, indispensáveis ao seu preparo.

Travessia da Ponte Estratégica Naval

Inicie-se a travessia virtual e teórica da ponte estratégica a partir do inventário dos meios navais existentes da Marinha de hoje, de acordo com a Figura 3.1 acima[87]. Claro está que existem as bases de apoio, as escolas de formação e de especialização, os centros de adestramento indispensáveis

---

[86] Há uma série de exercícios navais com as marinhas amigas do Atlântico sul: Felino, Ibsamar, Atlansur, Fraterno, Venbras e Atlantic Tidings. Detalhes em (MOREIRA, VIII ENABED, 2011).

[87] Detalhes propositalmente não mencionados, concernentes aos navios de patrulha, de pesquisa e aeronaves.

ao preparo e à prontidão das tripulações. Entretanto, essas organizações estão omitidas por razão de simplicidade e objetividade e não incorrer na armadilha do detalhamento apresentada por Creveld (2020). Tem-se clara, ao longo dessa travessia, a percepção da não intimidade dos leitores que, mesmo sendo especialistas no âmbito dos Estudos Estratégicos, não têm a obrigação da familiaridade com conceitos e denominações que, por obrigação, são de ciência por parte dos oficiais da Armada. Entretanto, quando se achar necessário, serão devidamente explicitados.

Os navios são considerados a ponta de lança do Poder Naval. Registrou-se, no capítulo II, que Corbett considerava as classes de navios existentes em uma marinha como a expressão material dos pensamentos estratégico e tático navais prevalecentes, em um determinado período de tempo. Aplique-se a lição corbettiana à realidade nacional:

1 – Navios:

a) <u>Esquadra</u>: Porta-Helicópteros[88] (1); Fragatas[89] (6); Corvetas (2); Submarinos (5); Navio de Socorro Submarino (1); Navio Doca Multipropósito (1); Navio Desembarque de Carros de Combate (2); Navio-Escola[90] (1); Navio Tanque (1); Navio-Veleiro (1); Embarcação de Desembarque de Carga Geral (1); **Total – 22.**

b) <u>Navios de Pesquisa</u>: Navio de Apoio Oceanográfico (1); Navio Polar (1); Navio Oceanográfico (1); Navio Hidroceanográfico (18) **Total – 21;**

c) <u>Navios Distritais</u>: Navio Patrulha Marítima (32); Navio Patrulha Fluvial (14); Navios Varredores (3). **Total – 49.**[91]

d) Logo, **o total dos navios da MB chega a 92.**

2– Aeronaves:

a) Aviões: (5); Helicópteros (71); Veículo Aéreo Não Tripulado (VANT) (6). **Total – 82.**[92]

---

[88] A Marinha renomeou este navio para Navio-Aeródromo Multipropósito (porta-aviões) sem as modificações necessárias. Este autor discorda dessa renomeação.

[89] Fragatas com vida média acima de 40 anos.

[90] Adaptável para Navio-Hospital.

[91] Fonte: https://www.marinha.mil/meios_navais. Acesso em: 13 ago. 2022.

[92] Fonte: https://pt.wikipedia.org/wiki/Lista_de_aeronaves_das_Forças_Armadas_do_Brasil. Acesso em: 13 ago. 2022.

3 - Corpo de Fuzileiros Navais (CFN):

Atualmente, o CFN possui cerca de 16.000 profissionais em suas fileiras, assim organizados: 1 Batalhão de Forças Especiais; 1 Divisão Anfíbia (1 Batalhão Blindado Leve; 3 Batalhões de Fuzileiros Navais; e um Batalhão de Artilharia); 1 Batalhão de Assalto Anfíbio; 7 Grupamentos de Fuzileiros Navais; 3 Batalhões de Operações Ribeirinhas; I Batalhão de Engenharia; 1 Batalhão Logístico. Está armado com 127 blindados; 71 canhões e 6 baterias de foguetes terra-terra.[93]

Aplicando-se o modelo de Booth e Grove às atribuições da Marinha de Hoje obteríamos algo assim:

Figura 3.2 – Uso da MB[94]

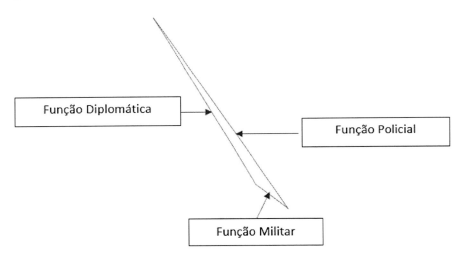

Fonte: elaborado pelo autor

A título de ilustração, apresenta-se a constituição da Marinha de hoje da Índia:

---

[93] *The Military Balance 2021.*
[94] Expressão Diplomática fundamentada nas regatas e viagens de representação do NVe *Cisne Branco* e das viagens de instrução de Guardas-Marinha pelo NE *Brasil*.

1 – <u>Navios</u>:

a) <u>Esquadra</u>: Porta-Aviões (1); Contratorperdeiros (10); Fragatas (17); Submarinos (16)[95]; Corvetas e Patrulhas Costeiro (170); Navios Anfíbios (62).

b) <u>Aeronaves</u>: Aviões (73); Helicópteros (99) Vant (10)

c) <u>Fuzileiros Navais</u>: Brigada Anfíbia (1) efetivo 1.200; Comando de Forças Especiais (1) efetivo de 1.000.

A Marinha da Índia, atualmente, possui um efetivo de 69.050 militares, enquanto a MB conta com um efetivo de 85.000 militares. Sobre o orçamento de Defesa, a Índia possui US$ 59,8 bilhões; o Brasil, US$ 27,62 bilhões. Comparando-se o Produto Interno Bruto per capita: Índia, US$ 1.877, e Brasil, US$ 6.460[96]. O PIB da Índia é de US$ 2,6 trilhões e o do Brasil, US$ 1,4 trilhões. Ademais, a Índia opera a sua Marinha com 81% do efetivo da MB. Sem economia, não há Poder Naval, como citado por Grove, no capítulo anterior.

Feito esse hiato comparativo, pois a comparação com a MB de hoje é inevitável, convém deixar claro que, no Brasil, os navios, as aeronaves e as suas organizações de Comando e Apoio formam o <u>Corpo da Armada</u> (CA). O CFN e o Corpo de Intendência da Marinha (CIM) mais o CA constituem os <u>Corpos Combatentes</u> da Marinha, similares às armas de um exército (Infantaria, Artilharia, Cavalaria e Engenharia).

Na Armada[97], os números retratam que apenas 27,17 % dos navios têm valor militar limitado, somando-se à Esquadra os três Navios Varredores do 2º Distrito Naval. Os navios de patrulha marítima/costeira constituem 34,78%. Já os de uso fluvial chegam a 15,22%. Os navios de pesquisa marítimos e fluviais atingem 22,83%. Logo, a metade dos navios existentes na Marinha é de navios-patrulha costeiros e fluviais que expressam a opção dos decisores de alto nível do Estado pelas atividades subsidiárias, de natureza não combatente, ou no extremo, não militar-naval. A Esquadra possui apenas 23,91% dos navios, portanto, menos de 1/4 dos navios da

---

[95] Um dos quais com propulsão nuclear e transportador de mísseis balísticos intercontinentais.

[96] *The Military Balance 2021.*

[97] A Marinha, além dos três corpos combatentes, formados na Escola Naval, possui ainda o Corpo de Saúde, o Corpo de Engenheiros e Técnicos Navais, e o Corpo Auxiliar da Armada e o Corpo Auxiliar dos Fuzileiros Navais.

MB. Sem dúvida, esses números retratam o desequilíbrio entre as classes de navios e incitam o fortalecimento da Esquadra[98].

Afinal, quem dispõe de maior capacidade pode atender demandas menos exigentes. Quem pode mais, pode menos, mas a recíproca não é, claro, verdadeira. Assim, levando-se em conta ainda as lições de Corbett (1911), esses números fotografam o pensamento naval contemporâneo na Marinha do Brasil de hoje, predominantemente voltado para as atividades de guarda-costas, tanto em águas costeiras quanto fluviais.

Os números relativos ao Corpo de Fuzileiros Navais (CFN) são significativos, devendo-se ressaltar a elevada disponibilidade da tropa, de natureza expedicionária e toda profissional. A experiência adquirida nas Operações de Paz credenciou a criação do Centro de Operações de Paz de Caráter Naval, em 2008, no âmbito do CFN, com resultados auspiciosos.

Por enquanto, não se convive com ameaças à sobrevivência da sociedade brasileira advindas do mar. Ilícitos nas bacias hidrográficas do Paraná-Paraguai e Amazônica, como também no Golfo da Guiné, no interior da Zopacas, não alcançam tal nível de securitização. Mas, no tocante à Zopacas, os números da Marinha de hoje contribuem para o crescimento da presença militar de potências extrarregionais no Atlântico Sul, precisamente, o que a criação da Zona pretendia evitar (PENNA FILHO, 2015, SILVA, 2022). A presença de potências e superpotências no Atlântico Sul, em especial, por motivo da presente competição entre EUA e China, podem alterar a situação estável do "Oceano Moreno", denominação cunhada pelo notável pensador português Adriano Moreira no início dos anos 1970 (MOREIRA, 2007).

Escolha do Ponto de Chegada

Para realizar-se a travessia, é necessário definir o ponto de chegada: qual a desejada Marinha do Amanhã? A Estratégia Naval a ser seguida, até 2040, está retratada no Plano Estratégico da Marinha (PEM 2040), oficialmente definido como sendo documento de alto nível. Plano estruturado a partir da análise do ambiente operacional e da identificação de ameaças, que estabelece os programas estratégicos com o propósito de prover o Brasil com uma Força Naval moderna e de dimensão compatível com a estatura político-estratégica do país. Portanto, capaz de contribuir

---

[98] A Esquadra incorpora os navios combatentes oceânicos, enquanto que os Distritos Navais incorporam os navios de patrulha e auxiliares, de águas costeiras e fluviais, juntamente com um Grupamento de Fuzileiros Navais, em cada Sede de Comando de Distrito.

para a defesa da pátria e salvaguarda dos interesses nacionais, no mar e águas interiores, em sintonia com os anseios da sociedade[99]. Nele, está prevista criação de uma "Sistemática para o Projeto de Força", fato inédito na História Naval brasileira, como visto no capítulo I.

A primeira anotação é a de que a Esquadra possui, como já observado, menos de 1/4 dos navios da Marinha e os seus navios de escolta têm, em média, cerca de 40 anos de serviço, embora exista a previsão da incorporação de somente quatro (4) novas fragatas classe Tamandaré (sic), a partir de meados dos anos 2020. A existência de apenas um Navio--Tanque[100] implica significativa limitação ao emprego do Poder Naval. Outra reflexão que se impõe é **desconsiderar** a ativação de uma segunda Esquadra, explicitada pelo Prof. Penna Filho anteriormente.

As questões socioeconômicas e ambientais parecem preponderar sobre as de defesa ao fim dos anos 2010 e início dos anos 2020. Entende-se que as equivocadas políticas de saúde, durante a pandemia do Covid-19, e ambientais, nos quatro últimos anos, produziram efeitos nefastos na educação e na saúde, com severos reflexos negativos na economia como um todo. Do ponto de vista estratégico, aumentaram substancialmente a maior vulnerabilidade estratégica do país: a social[101]. Essas questões devem impactar na menor priorização nas questões relativas à Defesa Nacional.

Há de se argumentar, entretanto, que um "país-monstro" como o Brasil, com toda sua riqueza e potencialidades, em um mundo marcado por incertezas de toda sorte, não pode renunciar ao bem maior do seu Estado: a soberania e o grau de autonomia política para preservação de seus interesses e objetivos no planeta. Países componentes do chamados Brics, por exemplo, têm renda per capita comparável à brasileira, mas não deixam de valorizar os temas referentes às suas posições no sistema de segurança internacional[102].

---

[99] https://www.marinha.mil.br/pem2040

[100] Conhecido, também, como Petroleiro de Esquadra, usado para reabastecer de combustível os demais navios de guerra no mar.

[101] "A concentração da renda no Brasil continua sendo uma das mais altas do mundo, conforme o Relatório de Desenvolvimento Humano (RDH) da Organização das Nações Unidas (ONU), divulgado nesta segunda-feira (9). O Brasil está em segundo lugar em má distribuição de renda entre sua população, atrás apenas do Catar, quando analisado o 1% mais rico. No Brasil, o 1% mais rico concentra 28,3% da renda total do país (no Catar essa proporção é de 29%). Ou seja, quase um terço da renda está nas mãos dos mais ricos. Já os 10% mais ricos no Brasil concentram 41,9% da renda total.". https://g1.globo.com/mundo/noticia/2019/12/09/brasil-tem--segunda-maior-concentracao-de-renda-do-mundo-diz-relatorio-da-onu.ghtml. Acesso em: 20 dez. 2022.

[102] Em 2014 a renda per capita da Rússia, em dólares era de 14.604; a do Brasil de 11.171; a da África do Sul 7.810; e a da China 6.788.Cf. https://exame.com/economia/brics-em-numeros-grandes-diferencas-cresci-mento-menor/. Acesso em: 13 nov. 2022.

Impõe-se raciocinar holisticamente, pensando o país como um todo em constante movimento dinâmico. De outro modo, não se constituirá Poder Militar, em especial um Poder Naval, com base em uma sociedade dividida do ponto de vista político e com disparidades étnicas e socioeconômicas agravadas nos últimos anos[103], pondo em risco o meio ambiente e a saúde, onde se inclui as terras dos Povos Originários. Ratifica-se que, sem coesão social, não se estabelece um Poder Militar[104].

Mas, retorne-se à Marinha de hoje. O Corpo de Fuzileiros Navais é maior do que o de países como a França, Reino Unido, Itália, Índia, entre outros (IISS, 2021). Ainda mais, se mostram bem aprestados para os fins da END/20 e do PEM-2040. De outra parte, os navios fluviais são potenciais integrantes de um eventual Teatro de Operações Terrestre e não embarcam tecnologias de difícil acesso e, portanto, de baixo custo e de mais fácil obtenção ou construção. Da mesma forma, os navios de patrulha marítima, hoje em maior número que os navios da Esquadra, e com a previsão da incorporação de mais duas unidades do Pronapa até 2024.

Escolher a **Esquadra** como ponto de chegada da travessia estratégica para o preparo do Poder Naval revela priorizar os meios que possam contribuir para o alcance dos propósitos da Zopacas (um Teatro de Operações Marítimo - TOM); da integração latino-americana; de uma inserção internacional do Brasil equilibrada com as suas demais expressões de poder. E mais, com urgência, desde já, em tempos de paz, ocasião em que as marinhas são mais empregadas. Mas, a partir desta altura do estudo, voltemos à moldura de Liotta & Lloyd e comentar cada parte integrante da figura.

Limitação de Recursos

A situação da maioria da sociedade brasileira, pós-pandemia da Covid-19, exigirá da atual Administração Federal, a partir de 2023, medidas que atenuem as deficiências nos campos da Saúde, Educação, Economia, Meio Ambiente e no combate à fome e à miséria no país. Consequen-

---

[103] Governo é omisso diante das 1.500 pistas de pouso ilegais na Amazônia. O GLOBO, 15/08/2022.

[104] O Professor Luiz Marques sintetiza o legado brasileiro em nossos dias: os frutos da escravidão e o suicídio ambiental: "Essas duas características estão subjacentes à existência do Brasil no passado no presente. Seus significados têm sido enormes, mesmo em uma escala global, e são constantes na História Brasileira. As outras variáveis da sociedade brasileira têm continuamente dependido delas e são também derivadas dessas duas características" (MARQUES, 2017, p. 136). Esses aspectos repercutem internacionalmente, em especial a questão ambiental, associada às mudanças climáticas da atualidade. Do ponto de vista estratégico, as questões ambientais se constituem em ameaça para todos os países, como expresso por Barry Buzan, citado no capítulo II. Neste aspecto, o Brasil se apresenta como um agressor ao meio ambiente, ao final da década de 2010.

temente, os recursos destinados à Defesa e ao preparo do Poder Naval disputarão prioridade, pelo menos, em situação desfavorável com relação à correção das deficiências acima elencadas. Essa situação não foi prevista no PEM-2040 e poderá exigir adaptações na sua execução. Os programas estratégicos em andamento estão atrelados ao Estado e não devem sofrer fortes impactos. No que toca à criação de uma sistemática para o planejamento de força na Marinha, parece-nos não vir a ser afetada com intensidade, visto constituir-se em atividade preponderantemente intelectual, atribuída ao EMA, o qual emprega, majoritariamente, pessoal da Ativa. Logo, não requer despesas extraordinárias.

Tecnologia

Em princípio, a ausência de monitoramento por satélite próprio complementado por esclarecimento aéreo de longo alcance impede a obtenção de dados do interesse para a Zopacas. Por exemplo, movimentações suspeitas de embarcações e a poluição do meio ambiente marinho. Neste ponto, vale a pena reforçar a atenção para embarcações de superfície não tripuladas para uso em águas costeiras e oceânicas. Da mesma forma, os veículos aéreos não tripulados (Vant) ou drones.

Sistemas de mísseis antinavio com base em terra; a minagem e as contramedidas de minagem; maior capacidade de transporte e desembarque de tropas; e maior número de submarinos de propulsão nuclear são exigências tecnológicas que não podem ser desprezadas para além do PEM-2040.

As tecnologias de Comando, Controle e Comunicações, já aplicadas ao Sistema de Vigilância da Amazônia (Sivam), devem ser aperfeiçoadas para o Teatro de Operações Marítimo do Atlântico Sul, de modo a estender o Sistema de Gerenciamento da Amazônia Azul (Sisgaaz) para toda a área marítima da Zopacas e suas aproximações. Igualmente, as tecnologias empregadas em mísseis superfície-superfície (Mansup) e ar-superfície (Manaer). O Mansup encontra-se em fase final de projeto (PEM-2040). Esses são os aspectos tecnológicos relevantes por se constituírem em efetivas limitações ao preparo da Força Naval.

Culturas Política, Econômica, Militar e Inteligência.

Este, sem dúvida, é o setor da moldura mais complexo de se abordar devido ao seu elevado grau de subjetividade. Ao início do trabalho, viu-se que, desde os tempos coloniais até à Guerra Fria, passamos por influências das Marinhas de Guerra portuguesa, britânica, norte-americana, esta mais intensamente a partir da II Guerra Mundial e, da Marinha Francesa, com a aquisição do NAe *São Paulo,* do NDM *Bahia* e do desenvolvimento do Prosub. A influência da Marinha britânica (Royal Navy) ressurgiu nos 1990, até a segunda década do século XXI, com a aquisição de escoltas, Navios-Patrulha Oceânicos (Napaoc) e do Porta-Helicópteros *Atlântico.*

Não se pode deixar de levar em conta que a aquisição de um meio naval estrangeiro implica dependência logística e adoção de procedimentos táticos, e orientações estratégicas das marinhas dos países de origem. O Comandante e a Tripulação do recebimento dessas embarcações são influenciados pela organização e cultura da Marinha original[105].

Cultura Política

Em primeiro lugar, desde a Proclamação da República pelo Exército, a Força Terrestre adquiriu maior protagonismo na Política Interna, estabelecendo uma Cultura Militar predominantemente terrestre, revigorada pela Revolução de 1930. Como registrado na Introdução deste estudo, ao início da II Guerra Mundial para o Brasil, em 1942, a Marinha estava despreparada para as ameaças daquele conflito e, sem o apoio da Marinha dos EUA (*United States Navy,* USN), não se conseguiria conduzir ações antissubmarino. O que reforça a classificação de Huntington de militares com alto poder político e baixa profissionalização, em um ambiente onde as elites políticas cultuam uma posição antimilitar.

Em segundo lugar, registrou-se, também, a composição da Marinha nos tempos da Guerra Fria e da vigência do MAP[106] e, ao longo da virada do século XX para o XXI, onde as aquisições de oportunidade tomaram novo vulto, notadamente pela compra do Porta-Aviões *São Paulo,* do NDM *Bahia* e do Prosub, todos em parceria com a França. Posteriormente, a compra do Porta-Helicópteros *Atlântico* do Reino Unido, já na segunda década do século XXI, arrastou para a MB um reforço cultural da Marinha Real britânica.

Sobre este aspecto político, convém ressaltar o que o Professor José Murilo de Carvalho (2006) considera um avanço a ausência dos vetos a estudos sobre assuntos militares. Um exemplo é a pujança do Instituto de Estudos Estratégicos da UFF ao incentivar o estudo da Defesa e da

---

[105] Este autor tem a experiência de receber navios nos EUA, Reino Unido e França.

[106] *Military Assistance Program* dos EUA.

Segurança Internacional e de outros centros acadêmicos voltados para o mesmo fim. Até mesmo as escolas de altos estudos militares como a ESG, EGN, Eceme e a Unifa passaram a realizar programas de pós-graduação em áreas militares, destinados também aos civis.

Acrescenta o Prof. José Murilo de Carvalho:

> Mesmo excluindo a probabilidade de intervenções políticas, como redefinir o papel das Forças Armadas em regime democrático e em cenário de grandes mudanças internacionais? Se não é sensato nem realista defender, como fazem alguns, a inutilidade de forças armadas nas condições atuais, deve-se reconhecer que elas consomem recursos avultados e precisam ter seu novo papel discutido, justificado e definido. Reiterando o que disse em mais de um dos capítulos deste livro, a discussão, justificação e definição do papel das Forças Armadas em regime democrático cabem às sociedades e a seus órgãos de representação, tanto quanto a elas próprias. [...]. O Ministério da Defesa não dá sinais de ter se afirmado como centro de competência formulador de políticas no campo da estratégia. O Congresso mantém sua posição de omissão e incompetência em assuntos militares (CARVALHO, 2019, p. 287 a 289).

Essas palavras resumem, com propriedade, as consequências da ausência de condições para pensar em estratégias para o preparo das Forças Armadas, entre as quais, encontra-se o preparo do Poder Naval. Destacam-se o alheamento do Congresso e dos governantes, ainda ao final da década de 2020, para os assuntos estratégicos de defesa. Questão persistente na atual Política de Defesa (ALSINA JR., 2009).

Cultura Econômica

Amado Cervo (2008) sintetiza a cultura econômica brasileira por meio de quatro paradigmas do comércio internacional do país:

> [...] o liberal-conservador que perpassa o século XIX e se estende a 1930; o desenvolvimentista, entre 1930 e 1989; o normal ou neoliberal e o logístico, sendo que os três últimos coabitam, embora com prevalências diferenciadas e descompassadas, e integram o modelo brasileiro de inserção internacional de 1990 a nossos dias (CERVO, 2008, p. 67).

Em paralelo aos períodos dos paradigmas liberal-conservador e o desenvolvimentista, o Almirante Vidigal expressa o que ele entende como a concepção estratégica dominante na MB:

> [...] houve persistência de algumas ideias e ações no campo naval, ligadas entre si por certa linha de coerência, caracterizando-se assim uma concepção estratégica dominante, talvez não explicitada e, até mesmo, não compreendida como tal por todos na época, mas que, por força da influência que exerceu sobre os acontecimentos, merece ser considerada dessa forma. Dentro desta visão ampla dos fatos, discernimos três fases do pensamento estratégico naval brasileiro, perfeitamente delineadas: 1ª. Fase – da Independência até 1893, data da Revolta da Armada contra Floriano Peixoto. 2ª. Fase – de 1893 até 1977, data da denúncia do Acordo Militar Brasil-Estados Unidos. 3ª. Fase – iniciada em 1977, estendendo-se até os nossos dias (VIDIGAL, 1985, p. 106).

O que o Almirante Vidigal considerou como pensamento estratégico naval nada mais foi do que os impactos na Marinha das decisões de quem detinha o poder político-econômico no país, ao longo dos paradigmas de Cervo. As duas primeiras fases de Vidigal coincidem com o paradigma liberal-conservador. A terceira fase antecede aos paradigmas normal e logístico. Vidigal não testemunhou os acontecimentos dos paradigmas normal e logístico, mas nos deixou também uma extensa e profícua bibliografia sobre os temas navais.

Entende-se que detalhar os paradigmas de Cervo e as fases do pensamento estratégico naval brasileiro de Vidigal foge ao propósito deste trabalho, mas é relevante lembrar que Cervo, em seu trabalho, também aborda a questão da segurança e defesa. Afinal, o comércio internacional do Brasil se processa em 95% pela via marítima (BRASIL, PEM-2040):

> [...] enquanto não se transitar, no Brasil, de um enfoque demasiadamente voltado para a segurança para outro essencialmente centrado na defesa, não será possível contar com Forças Armadas que respaldem efetivamente nossa política externa – em vista da introvisão gerada pela precariedade de meios capazes de projetar poder além-fronteiras (CERVO, 2006. p. 168).

Essas ideias são relevantes para reflexão sobre a ausência de um Projeto de Força para a Marinha nos períodos contemplados por Cervo e Vidigal. Em todos os períodos, até os nossos dias, prevalece a aquisição de navios usados para emprego imediato pela Marinha, em especial na Esquadra, onde se assenta o núcleo do Poder Naval brasileiro (CAMINHA, 1980). Entretanto, reconhece-se que, ao final do período do paradigma desenvolvimentista, houve um esforço de reposição de meios por unidades construídas no Brasil: duas fragatas classe Niterói, cinco Corvetas, quatro submarinos Classe Tupi, um Navio-Escola e o NT Gastão Motta. No período do paradigma logístico deu-se início ao Prosub e continuidade ao Programa Nuclear da Marinha (PNM). Constata-se que, independentemente dos paradigmas econômicos, em certa medida, o preparo do Poder Naval esteve desvinculado dos interesses econômicos.

Cultura Militar e Inteligência

Já foi registrado que as Culturas Militar e Política, no Brasil, se aproximam e, às vezes, se superpõem de tal modo que não seria um exagero afirmar que o Brasil se encaixa no Padrão (I) de Relação entre Civis e Militares, de acordo com Samuel Huntington: "ideologia antimilitar, alto poder político militar e baixo profissionalismo militar" (HUNTINGTON, 1996, p. 115).

Neste mesmo diapasão, o Professor Eurico de Lima Figueiredo (2004) identifica, no Brasil, um choque entre perfis de militares:

> Em grossas linhas, surge um choque entre o chamado "soldado profissional" e o "soldado político". O primeiro afastado da política, dedica-se, nos quartéis e bases, ao seu adestramento para a prevenção e a prática da defesa e da segurança. O segundo, ao contrário, se vê obrigado ao exercício da atividade política em seu cotidiano, inclusive envolvendo-se, cada vez mais, com os dispositivos de informação e inteligência (FIGUEIREDO, 2004, p. 123).

As palavras de Figueiredo se mantêm atuais e o seu significado foi reforçado a partir do Governo Federal, empossado em 2018, onde oficiais da ativa e da reserva passaram a integrar cargos na Alta Administração Federal. Ainda segundo Figueiredo, foi longo e profundo o envolvimento dos militares na República e a consolidação da Democracia requererá um acidentado projeto até a sua plena afirmação (FIGUEIREDO, 2004).

Já no que tange à Cultura Naval, o ex-Ministro da Marinha, Mauro César Rodrigues Pereira, e os ex-Comandantes da Marinha, Roberto de Guimarães Carvalho, Eduardo Bacelar Leal Ferreira e Ilques Barbosa Júnior, em entrevistas ao autor em 2022, expressaram a concordância de existir uma cultura naval brasileira que incorpora influências de marinhas estrangeiras, em especial a de Portugal, do Reino Unido, dos EUA, a da França e a Armada Argentina. Não só a cultura, mas, principalmente, o pensamento estratégico naval brasileiro só deverá consolidar-se, genuinamente, com a prática sistêmica e contínua do Projeto de Força para a Marinha. Claro está que se deve desfrutar de influências benéficas de outras marinhas, mas não determinantes e fora de propósito, como advertiu Flores.

Certamente, a existência de um Plano Estratégico, o qual reconhece a ausência de uma sistemática para o Projeto de Força para a Marinha, por si só, já é um salto qualitativo para remediar carências no preparo do Poder Naval no Brasil. A Ação Estratégica Naval de Defesa 1, **(AEN-DEFESA-1) - Desenvolver a Sistemática de Planejamento de Força no âmbito da MB**, trata-se de um grande desafio. Afinal, o preparo do Poder Naval não se limita às ações da Marinha e envolve atores políticos, econômicos, culturais, sociais e até não estatais, como visto nos capítulos anteriores. Soma-se a esse desafio, os dilemas impostos pela situação brasileira, onde cabe ao Poder Naval o exercício da Autoridade Marítima e desempenhar as atividades de Guardas Costeira e Fluvial.

O ex-Ministro Mauro César julga econômico manter o exercício da Autoridade Marítima na estrutura da Marinha. Evita o desperdício de recursos com estruturas adicionais e permite o compartilhamento de meios logísticos. Afirma o Almirante Mauro César:

> Contudo, se a Sociedade não entender que são duas atividades distintas e consequentemente prover os meios de custeio a ambas as estruturas individualmente, haverá dificuldades de larga monta como já foi mostrado anteriormente. Uma forma passível de resolver o assunto seria considerar o Orçamento para a Defesa Naval inserido no orçamento do Ministério da Defesa, inclusive facilitando a comparação com os destinados à Defesa Terrestre e Defesa Aérea enquanto, em separado, existir um orçamento para a Autoridade Marítima (PEREIRA, 2021).

Sem dúvida que a sugestão do ex-Ministro Mauro César poderia ampliar a fatia de recursos para o investimento em um Projeto de Força que resultasse numa Marinha do Amanhã mais próxima das necessidades político-estratégicas do país.

Com respeito à Inteligência, registre-se que o Sistema de Inteligência de Defesa (Sinde) integra o Sistema Brasileiro de Inteligência (Sisbin), que deve "subsidiar a Agência Brasileira de Inteligência (Abin)[107] com dados e conhecimentos específicos relacionados à área de defesa" (BRASIL, Lbdn, p. 52.). O Sinde foi instituído em 2002, no âmbito do Ministério da Defesa e das Forças Singulares. A sensibilidade do assunto impõe interromper nossa abordagem neste ponto, sem comprometer os objetivos deste trabalho[108]. Até mesmo pelas naturais dificuldades em obter-se acesso a questões sensíveis no domínio da Política e da Estratégia. O autor utilizou fontes públicas e não classificadas por grau de sigilo, a fim de preservar uma postura ética na realização da pesquisa.

Plano Estratégico da Marinha (PEM-2040)

Como comentado anteriormente, a Ação Estratégica Naval 1, voltada para a Defesa Nacional, visa desenvolver um Planejamento de Força para a Marinha (AEN – Defesa – 1). Do PEM-2040, obtém-se a impressão de que, implantada essa sistemática, se deduz que as demais AEN serão orientadas por essa nova sistemática. As AEN julgadas contribuintes para o preparo do Poder foram listadas no capítulo I. Aqui, reforçamos que implantar o Sisgaaz, incrementar a participação das Marinhas Amigas na Zopacas e ampliar a participação de Navios e tropa de FN em operações de Paz e Humanitárias convergem o foco para ações no mar que repercutem nos países integrantes da Zopacas. Da mesma forma, a reposição de novas unidades navais via o Prosub e o Pfct[109], já em andamento.

O PEM-2040 não elenca prioridades entre as AEN, mas a análise do Orçamento da Marinha[110] revela predileções, nessa ordem: 1) Prosub, 2) PNM, 3) Pfct e 4) Pronapa. Há que se considerar também a previsão de substituição do NE Brasil, do NDM Bahia; dos Ndcc; e do Porta-Helicóp-

---

[107] Atualmente, a Abin está subordinada à Casa Civil e os desdobramentos desta mudança ainda não foram sentidos enquanto este trabalho foi escrito.

[108] Ver https://www.marinha.mil.br/om/centro-de-inteligencia-da-marinha. Acesso em: 14 nov. 2022.

[109] Programa das Fragatas Classe Tamandaré – Pfct.

[110] https://marinha.mil.br/sites/default/files/execuçao-orcamentaria-finaceira-2021.pdf. Acesso em: 6 jul. 2022.

teros até 2040, quando estarão por atingir o fim da vida útil operacional e, assim, tentar obter-se um Poder Naval menos desequilibrado e útil, a partir de 2040.

Nesta altura, convém refletir sobre duas questões que podem auxiliar na identificação das necessidades e capacidades de uma força naval futura. A primeira é a existência de Comandos Conjuntos e Combinados estrangeiros no TOM da Zopacas, em ambas as margens do Atlântico Sul, pela França, EUA e Argentina (MORGERO, 2016; SILVA, 2022). À exceção do Comdabra, o Brasil não possui Comando Conjunto ativado, permanentemente, até o presente momento. Sua existência facilitaria a identificação das forças necessárias para o emprego futuro em suas áreas de responsabilidades.

A Doutrina de Operações Conjuntas de 2020 (DOC/20) reforça a postura de evoluir de uma situação de paz para uma de crise ou de conflito armado. Ora, a dinâmica das mudanças da situação internacional ocorre numa velocidade não compatível com as prescrições burocráticas desta DOC/20 (GRAY, 1997; KALDOR, 2019, COKER, 2002). Destaca-se, ainda, que a seção oriental do Atlântico está sob a área de responsabilidade do Comando da África dos EUA, enquanto a seção ocidental é de responsabilidade do Comando Sul daquela superpotência. Esses fatos influenciam no emprego do futuro Poder Naval e, consequentemente, no seu preparo.

A segunda é a forma de atuação do país em sua área de interesse estratégico. Vimos que o Prof. Varela Neves reforça a cooperação e a difusão de ideias e valores. Ainda nesse aspecto da cooperação, sugere-se a atuação do Poder Naval nas diplomacias Naval e de Defesa, assim definida:

> [...] a diplomacia de defesa é o conjunto de práticas sociais específicas de agentes oficiais, para construir e reproduzir as relações não coercitivas no âmbito da Defesa entre os Estados e outras entidades que atuam na política internacional. Pelas suas características e funções, ela pode ser considerada como uma instituição da sociedade internacional, sub-instituição da diplomacia, que se constitui pela reprodução no tempo e no espaço dessas práticas (SILVA, 2018, p. 111).

O Almirante Antônio Ruy de Almeida Silva também adverte que a diplomacia de defesa não se confunde com a diplomacia naval, visto que esta última também considera o uso não coercitivo dos meios navais e aeronavais, mas embutem práticas coercitivas, diante da característica ambígua desses meios (SILVA, 2018).

Sem dúvida, essas características de cooperação e de diplomacia impingem forte contorno no preparo do poder naval. Evidencia a premente necessidade de Navio Hospital, de Navio de Apoio Logístico, Navio-Tanque e unidades de Socorro e Salvamento Marítimo e para a Patrulha Naval em áreas oceânicas.

Similaridades com a Estratégia Naval da Índia.

No capítulo II, comentou-se que entre os elementos para constituição de um poder marítimo e naval incluíam, segundo Mahan, a Posição Geográfica e a Conformação Física, e vislumbramos coincidências entre o Brasil e a Índia. Somam-se, aos elementos já citados, as desigualdades socioeconômicas compartilhadas pelos dois países como também os elementos atualizados por Grove (1990). Ainda mais, predomina na Índia, como no Brasil, uma mentalidade terrestre (Cultura Sociopolítica, de acordo com Grove).

A Marinha indiana é a menor das três Forças Armadas. Só para comparar, o Exército possui um efetivo de 1.237.000 militares; a Força Aérea, 139.850; e a Marinha, 69.050, incluindo 7.000 da Aviação Naval e 2.200 Fuzileiros Navais. A Guarda-Costeira possui um efetivo de 12.600 militares e 132 navios-patrulha. E mais ainda, as relevâncias estratégicas para os EUA da Ilha de Ascenção, no Atlântico Sul, e da Ilha de Diego Garcia, no Índico.

Embora a Índia seja uma potência nuclear, essas armas de destruição em massa pertencem ao Exército e à Força Aérea indianos, não com exclusividade. A Marinha possui apenas um submarino de propulsão nuclear com mísseis balísticos intercontinentais embarcados[111]. Entretanto, mesmo diante de tal panorama, a gramática naval indiana se volta para ambas as vertentes do seu litoral sobre o Índico: em direção ao leste, se estende ao Mar do Sul da China e ao Círculo de Fogo do Pacífico[112]. Em direção ao Sul, até o Cabo da Boa Esperança e aos acessos do Atlântico Sul. Para oeste, se lança até o Canal de Suez. E prepara a sua Marinha para

---

[111] Military Balance 2021.

[112] Pacific RIM

atuar em ações cooperativas e benignas[113], consonantes com a diáspora indiana para outros países da bacia do Índico.

Ademais, em junho de 2006, a Marinha indiana levou a cabo a operação Sukoon, uma evacuação não violenta de civis no Líbano, então, em conflito com o Hezbollah, mesmo fora da sua área de responsabilidade (HOLMES, WINNER e YOSHIHARA, 2010).

De fato, esta situação não se vive no Brasil, onde a Esquadra sempre permaneceu concentrada e voltada para a vertente meridional do litoral. Mais um desafio a ser enfrentado. Na vertente setentrional do litoral estão as Forças dos 3º e 4º Distritos Navais, empregadas em ações de Guarda-Costeira. Mas, passemos agora para as questões orçamentárias e fiscais apontadas na moldura.

Orientação Orçamentária & Fiscal

O agravamento da situação política, econômica e social brasileira, ao fim da segunda década do século XXI, poderá interferir nos investimentos dedicados à construção do submarino convencional de propulsão nuclear, embora seja um programa de Estado, com a prontificação prevista para meados dos anos 2030, segundo o *Military Balance 2021* (IISS, 2021)[114]. Este prazo de execução maior do que os demais programas estratégicos da MB, pode concorrer para mais um atraso. O submarino convencional de propulsão nuclear se constituirá no principal meio da Marinha, capaz de incitar a dissuasão no Atlântico Sul. Essa dissuasão, é fácil de se perceber, não se conseguirá apenas com uma unidade desse tipo de submarino. Sem contar com as dificuldades tecnológicas decorrentes da dependência estrangeira nesse campo de conhecimento. Outro aspecto a ser considerado é o sistema de armas a ser instalado nesse submersível. Não há tecnologia nacional para tal fim.

O preparo de uma Força Naval deve ser balizado por sólidas política e estratégia nacional de defesa. "Está simplesmente errado determinar uma conformação de força somente com base nas restrições orçamentárias e daí adequar a composição da força à limitação fiscal" (VEGO, 2019, p. 92.) As limitações orçamentárias devem ser levadas em conta depois que a dimensão da força naval desejada esteja definida pela análise da atual e da imaginada situação estratégica naval. Essas controvérsias devem ser

---

[113] Operações previstas na Doutrina Militar Brasileira e na Doutrina Militar Naval.

[114] Publicação internacional julgada imparcial o suficiente para os fins desta pesquisa.

sopesadas e conciliadas, por meio da modificação dos objetivos estratégicos navais, ou pelo aumento ou diminuição de recursos financeiros destinados aos programas navais (VEGO, 2019).

Claro está que o objetivo da END/20 de alcançar 2% do PIB para o Orçamento da Defesa não implica melhorias no setor, caso seja mantida a parcela de cerca de 87% do Orçamento de Defesa para gastos com pessoal – ativos, inativos e pensionistas. Marinheiro é coisa cara. Exige recursos para a formação, adestramento, manutenção da qualificação e, ainda mais, os necessários para o apoio familiar ao se tentar compensar a recorrente ausência do chefe de família do seu lar.

No Orçamento da Marinha, Pessoal e Encargos Sociais atinge 78% do total. Os investimentos alcançam 7% das despesas orçamentárias. Isto evidencia um desequilíbrio que não é apenas da Força Naval.

> De forma geral, os Comandos Militares apresentam valores maiores nas despesas obrigatórias, incluídas nesse grupo as relativas ao pagamento de pessoal o que pode ser justificado pelo efetivo de militares daquelas instituições (BRASIL, Livro Branco da Defesa, p. 157).

Orçamento é uma ferramenta de controle de despesas e não um limitador de capacidades. Miriam Leitão (2005) ressalta que há desafios orçamentários:

> Um deles angustia o país e particularmente as Forças Armadas. A cada dia a população demanda mais dos militares [...], No entanto, não é segredo para ninguém que as Forças Armadas têm poucos recursos, estão com armamentos obsoletos, soldos baixos e investimentos insuficientes (LEITÃO, 2005).

Vale lembrar o que Bartlett identifica como armadilha orçamentária, uma vez que os orçamentos nem sempre refletem a (in)segurança do ambiente internacional. De igual maneira se expressa Vego (2019). No caso da sobrevivência ou segurança da nação, não há limitações orçamentárias. A exemplo, a pandemia da Covid-19.

Enfim, a desproporcionalidade entre despesas de pessoal e as de investimento no meio naval não é exclusividade brasileira. Contudo, a intensidade desse desequilíbrio desfavorece a estratégia naval e a de defesa, no caso brasileiro (IISS, 2021).

Capacidades Atuais & Desejadas: Desafios Operacionais e Doutrina Militar Naval.

Ao início do século XXI, já no pós Guerra Fria e da ausência de ameaças conhecidas, exceto para as superpotências, os planejamentos militares passaram, de forma usual, a se fundamentar conceitualmente em capacidades ao invés de ameaças. Operações de Paz e de Ajuda Humanitária demandam uma organização sistêmica de forças mais leves, mais flexíveis, mais ágeis, defensivas e capazes de operar com capacidades de maior leque amplitude, como registrado na Doutrina Militar Naval em vigor. De qualquer forma, essas influências doutrinárias influenciam a estratégia naval, orientam o orçamento e os programas, e permitem o entendimento das capacidades atuais e desejadas (GRAY, 1997, KALDOR, 2019, COKER, 2002).

Por outro lado, a estratégia, a orientação orçamentária, e as capacidades exigem o refinamento dos conceitos doutrinários e das maneiras de sobrepassar os desafios operacionais e, por essa razão, a moldura liga os desafios operacionais e a Doutrina Militar Naval com setas de duplo sentido (LIOTTA & LLOYD, 2005).

Repita-se, não é difícil identificar o desafio de operar uma Força Naval na área oriental da Zopacas com apenas um NT e sem um Navio de Apoio Logístico (Naplog), no caso da Marinha de hoje.

Avaliação: o uso da moldura para fazer escolhas de força

Essa, talvez, seja a parte da moldura que exige maior esforço de reflexão por parte dos estrategistas planejadores de força. Existe a necessidade de se avaliar a capacidade das forças disponíveis para atender as demandas da CF/88, PND/20, END/20, PN/20 e PEM-2040. Essa avaliação precisa abranger objetivos, estratégia, ameaças, desafios, vulnerabilidades, oportunidades, aliados, instituições internacionais, atores não governamentais, força disponível e riscos. O processo de escolha de força é dinâmico, de modo a adaptar-se às mudanças de situação (LIOTTA & LLOYD, 2005). Cada elemento deve ser analisado e atualizado para cada situação vivenciada.

Tais complexas inter-relações inevitavelmente levantam questões sobre a efetividade de tais relações como também

> a divisão da carga de trabalho. As capacidades, intenções, circunstâncias e vulnerabilidades de outras nações nem sempre se alinham com os nossos interesses e objetivos. Muito embora, analisando e compreendendo essas relações provará ser crítica a escolha entre uma estratégia de coalizão e outra de ação independente (LIOTTA & LLOYD, 2005, p. 11 e 12).

No caso do preparo do Poder Naval brasileiro, essas reflexões são contraditórias perante a presença de nações mais debilitadas que o Brasil e de potências navais no Teatro de Operações Marítimo (TOM) da Zopacas[115]. Mais uma vez se indague: qual melhor postura estratégica, a do ouriço ou da raposa? Evidentemente, no caso do Brasil, deverá ser usada uma estratégia de coalizão mediante autorização da ONU, em operações de paz ou de assistência humanitária no TOM da Zopacas. Por outro lado, sob o manto da dissuasão, uma ação isolada pode ser levada a cabo, ou insinuada, por submarino convencional ou de propulsão nuclear contra ameaças das potências extrarregionais (BRASIL, END, 2020). O Almirante Fuzileiro Naval, Dias Monteiro, chegou à esta posição, por outros caminhos, em sua apresentação na VIII Enabed (2016)[116].

Ressalte-se que o Planejamento Operacional enfatiza a prontidão e a resiliência, uma vez que se foca no emprego das forças hoje existentes. Já o Planejamento de Força tende a se concentrar nas questões de modernização e de estrutura, uma vez que o seu propósito é criar forças futuras capazes de atender a evolução da END/20 e o consequente desenvolvimento de futuros Planos Estratégicos para a Marinha. Essas sucessivas e iterativas avaliações devem considerar não apenas as ameaças, mas também vulnerabilidades e oportunidades.

Essa avaliação mais densa mostra as deficiências da força disponível e evidencia riscos nos programas em andamento. Logo, ajuda a formular alterações para a força programada. Este processo de apreciação conduz às decisões que, eventualmente, poderão realocar fundos entre os vários programas em andamento. No caso da MB, o Prosub, Pfct, PNM, Pronapa, Prosuper, entre outros, sempre buscando observar as possibilidades orçamentárias. Os programas revisados serão a base para a postura da Força no futuro.

---

[115] Neste trabalho, as expressões TOM da Zopacas e TOM do Atlântico Sul são equivalentes.

[116] *As Demandas Estratégicas que Condicionam o Preparo do Poder Naval Brasileiro In:* VIII Enabed, 2016.

A metade superior da moldura de Liotta & Lloyd está focada na Estratégia para o Projeto de Força. A metade inferior da moldura representa o esforço de concentração no Projeto de Força propriamente dito. As atividades de ambas as metades se retroalimentam e interagem. Em outras palavras, são iterativas e regenerativas. Mas, continuemos com a interpretação conceitual da moldura, de acordo com Liotta & Lloyd (2005).

Força Disponível, Deficiências e Riscos

Um dos mais relevantes passos para processar a avaliação será o desenho da Força Naval a ser empregada no futuro. Essa Força inclui o que existe (a Marinha de hoje), menos as unidades previstas para desativação[117], mais as unidades previstas para incorporação durante o período contemplado e as unidades oriundas de aliados[118]. O bom estrategista planejador de força deve alcançar o equilíbrio entre operar a força existente e investir nas capacidades vislumbradas para o futuro. Daí, a importância da existência permanente de comandos operacionais conjuntos, inexistente na estrutura de militar do Brasil, com exceção do Comdabra.

As deficiências confirmadas indicarão o grau de risco a ser assumido até que o robustecimento da Força seja alcançado, logicamente, via um Projeto de Força. Risco, nesta questão, está relacionado, no sentido mais amplo, com a habilidade ou a disposição de se expor à danos durante o período de evolução do preparo da Força.

Na realidade, esses riscos traduzem o hiato entre os fins desejados (CF/88, PND/20, END/20, PEM-2040) e os meios disponíveis, ponto de partida da estratégia para o planejamento de força. A avaliação desses riscos exige, ainda, o seu gerenciamento e a sua mitigação. Esses aspectos são fundamentais para o preparo do Poder Naval, enquanto se desenvolvem ações e programas para alcançar o Poder Naval desejado e podem vir a comprometer a Segurança Nacional.

Alternativas e Força Programada

A próxima etapa no planejamento de força, no caso, o preparo da Marinha do Brasil[119], é a seleção das forças componentes (Superfície, Submarinos, Aeronaval, e de Fuzileiros Navais). Afinal, não temos comandos

---

[117] Unidades previstas para dar baixa do Serviço Ativo.

[118] Difíceis de identificar hoje em dia. Unidades da Prefeitura Naval Argentina, das Armadas do Uruguai, África do Sul, Namíbia, Camarões ou Nigéria?

[119] Relembra-se que Marinha do Brasil e Poder Naval do Brasil são sinônimos neste trabalho.

operacionais conjuntos ativados que possam identificar exigências futuras de forças componentes do Exército e da Força Aérea em um TOM.

Enfim, qual o número, tipo, mescla de suas capacidades exigidas para corrigir deficiências e minimizar riscos, dentro das orientações fiscais e orçamentárias e da necessidade de se garantir o equilíbrio entre as forças componentes? Apesar das restrições fiscais e orçamentárias, a Força Programada deve atender aos aspectos mais críticos da END/20. E, daí, chegamos à Força Disponível a ser empregada no futuro, a partir de 2040, segundo o Plano Estratégico da Marinha vigente.

O bloco Força Disponível já foi comentado acima e ressalta o circuito de realimentação de todo o processo retratado na moldura. Liotta & Lloyd enfatizam que a Estratégia para o Projeto de Força não é um processo rígido e sequencial. Pelo contrário, é uma metodologia rica em iteração e realimentação em todos os níveis representados na moldura pelas setas mais grossas, em preto. (LIOTTA & LLOYD, 2005).

Usualmente, fatores organizacionais, burocráticos e políticos tendem a esconder os elementos racionais indispensáveis nas decisões do processo estratégico para o preparo da força. Hoje em dia, a dinâmica do ambiente de segurança nacional e internacional aliada à crescente competição por recursos escassos, torna a estratégia para o preparo da força mais premente do que nunca. Erros cometidos hoje resultarão em forças mal dimensionadas para atender às exigências futuras da nação. Ao conduzir o processo representado na moldura, os estrategistas planejadores de força devem **reconsiderar**, continuamente, as questões básicas ao lado da moldura, ainda de acordo com Liotta & Lloyd (2005): o que fazer? como planejar fazê-lo? quais obstáculos? o que está disponível? quais desajustes? por que fazer isto?

Nesse sentido, buscando responder ao caso do preparo do Poder Naval brasileiro, as respostas abaixo podem ser consideradas aceitáveis:

Respostas Aceitáveis

1) O que fazer?

Com base na CF/88, PND/20, END/20, PN/20 e PEM-2040, as ações concernentes ao preparo do Poder Naval devem atender aos seguintes fins políticos:

a) contribuir para integração econômica, social, política e cultural dos povos da América Latina, com vistas à formação de uma comunidade latino-americana de nações;

b) contribuir para a estabilidade regional e para a paz e a segurança internacionais;

c) incrementar a projeção do Brasil no concerto das nações e sua inserção em processos decisórios internacionais;

d) salvaguardar as pessoas, os bens, os recursos e os interesses nacionais situados no exterior.

2) Como planejar fazê-lo?

a) o Poder Naval deve ser preparado para atender às possíveis demandas de participação em Operações de Paz, sob a égide da ONU ou de organismos multilaterais;

b) demonstrar a capacidade de se contrapor à concentração de forças hostis, nos limites das águas jurisdicionais brasileiras;

c) fortalecer a Zopacas e proteger a Amazônia por meio da dissuasão;

d) prover a segurança nas faixas de áreas marítimas de Santos a Vitória e nas aproximações à foz do Amazonas;

e) desenvolver a capacidade monitorar e controlar as águas jurisdicionais brasileiras;

f) preservação do meio ambiente marinho e fluvial;

g) explorar o modelo de integração da tríade Estado/ Academia/ Empresa;

h) buscar a regularidade e previsibilidade orçamentária;

i) reduzir o desequilíbrio entre as despesas de pessoal e as de investimento.

3) Quais obstáculos?
Convém considerar:

a) ausência de Comandos Operacionais Conjuntos ativados desde os tempos de paz;

b) a desatualização do preparo do pessoal militar, notadamente para a estratégia de preparo de forças para o emprego no futuro;

c) instabilidades políticas na América do Sul e nos países africanos da Zopacas;

d) presença de potências extrarregionais na América do Sul e no Atlântico Sul;

e) ocorrências de crimes transnacionais na Amazônia e Atlântico Sul;

f) disparidades socioeconômicas na sociedade brasileira;

g) divisão política da sociedade, combinada com o protagonismo político dos militares, ao fim dos anos 2010.

h) ausência da preservação do Meio-Ambiente, especialmente na Região Amazônica[120], e as decorrentes retaliações no comércio internacional com respeito ao Brasil e ao Mercosul;

i) elevado grau de dependência estrangeira do material militar-naval;

j) existência de reservas de hidrocarbonetos costa afora[121] do Brasil no Atlântico Sul e na costa ocidental Africana, especialmente, entre Angola e o Golfo da Guiné;

k) inconstância orçamentária para investimento na área de Defesa combinada com uma demanda espasmódica e inexpressiva do material naval;

l) necessidade de absorção de conhecimento científico e tecnológico no setor nuclear e naval;

m) incrementar o intercâmbio de pessoal militar entre as marinhas dos países da América do Sul e da Zopacas.

4) <u>O que está disponível para fazê-lo?</u>

Complexa questão diante dos desarranjos do Governo Federal tanto no ambiente interno, quanto externo, ao fim da segunda década do século XXI. Há de se destacar a negação às mudanças climáticas pela ausência de política ambiental adequada; negação de métodos científicos para

---

[120] "Revogaço" não basta para conter desmatamento: novo governo terá que investigar e punir criminosos responsáveis pela devastação da Amazônia. O GLOBO, 20/11/2022.

[121] No mesmo significado de "offshore".

combate à pandemia da Covid-19; afastamento da Unasul e do Mercosul; e alinhamento (quase subserviência) ao governo Trump dos EUA e com a extrema direita internacional. Nesta complexa e desfavorável conjuntura, o Poder Naval deve se preparar para:

a) atuar com o beneplácito da Organização das Nações Unidas (ONU);

b) contribuir para inclusão do Brasil como membro permanente do Conselho de Segurança da ONU.

c) conduzir operações navais com as marinhas dos países da União de Nações Sul-Americanas (Unasul)[122] e do seu Conselho de Defesa;

d) incrementar relações com as marinhas dos países do Brics (sigla em Inglês para Brasil, Rússia, Índia, China e África do Sul) e do Oriente Médio;

e) explorar as tradicionais ligações hemisféricas e manter a confiança dos EUA via instrumentos da diplomacia naval e de defesa, com alvo no Comando Sul e Comando África daquele país;

f) incrementar relações com as marinhas e em benefício dos países integrantes da Organização dos Estados Americanos (OEA) e da Junta Interamericana de Defesa (JID);

g) incrementar a aproximação com as marinhas dos países do Mercosul, Zopacas, Brics e da América Latina, via intercâmbio de pessoal, cursos e exercícios de patrulha naval, de socorro e salvamento marítimo, e processos para o controle naval do tráfego marítimo;

h) explorar a ação dos adidos navais e de defesa às representações diplomáticas no país e no exterior com a finalidade de se aproximar, gradualmente, política, econômica e militarmente dos países acima citados;

5) Quais são os desajustes?

Neste particular julga-se pertinente considerar:

---

[122] Personalidade jurídica internacional, formalizada pelo Tratado Constitutivo de 23/05/2008, em Brasília. Entrou em vigência em 11/03/2011 com a ratificação do Tratado pelo legislativo uruguaio, como o nono país subscritor. Ainda em 2011, Brasil, Colômbia e Paraguai ratificaram, perfazendo os doze signatários, todos os Estados independentes da América do Sul.

a) alheamento da sociedade e de seus representantes políticos, com respeito à Defesa Nacional;

b) distanciamento entre as políticas econômica, externa e de defesa;

c) instabilidades políticas em um regime democrático, ainda em vias de maturação no Brasil;

d) polarização partidária e radicalização ideológica que alquebram a coesão nacional;

e) incertezas sobre os rumos políticos a percorrer;

f) incompreensões nas relações civis-militares que decorrem de uma democracia ainda em busca de sua institucionalização plena;

g) ausência de uma cultura de defesa em um país onde se vangloria (equivocadamente) de sua tradição pacífica;

h) formação não reconhecida de um complexo acadêmico de defesa capaz de compartilhar com as FA e o MD uma cultura estratégica própria.

i) ausência de Comandos Operacionais Conjuntos, exceto o Comdabra, o que limita a estrutura das Forças Armadas a meras burocracias militares;

j) indefinição do papel das Forças Armadas em um regime democrático, com dedicação exclusiva e tão somente às funções estritamente castrenses;

k) subserviência cultural em relação aos modelos e práticas de países centrais, desvalorizando soluções próprias para as questões nacionais.

6) <u>Por que se quer fazer isto?</u>

Criar um Poder Naval crível, que atenda aos requisitos da Defesa Nacional e contribua explicitamente para a manutenção da Paz Internacional, ao longo do século XXI. Esta última pergunta é o vínculo crítico de um contínuo processo de retroalimentação que é a Estratégia. As decisões de hoje sobre a estratégia e o projeto de força irão influenciar fundamentalmente a estratégia futura e a postura da força vislumbrada. Quando bem formuladas, essas decisões e escolhas se constituem em valiosos investimentos no futuro. Em sociedades democráticas é um processo difícil e prolongado, enquanto que, em sociedades fechadas, a tomada de decisão política pode ser mais rápida, mas, nesses casos, é maior o risco de erro. Portanto, é necessário adotar decisões difíceis em ambiente democrático.

Ponto de Chegada

Nesta altura, ao fim da caminhada sobre a ponte da estratégia da moldura de Liotta & Lloyd, há de se tentar prever o que será a Marinha do Amanhã, mais precisamente, a **Esquadra de Amanhã**, eleita pelo autor como objeto principal do preparo do Poder Naval. Obviamente, esta previsão de uma futura Esquadra, em 2040, está sedimentada nos ditames do Plano Estratégico da Marinha de 2020 a 2040 e, em essência, coincide com a Força Disponível da moldura adaptada de Liotta & Lloyd:

A Esquadra de 2040

(1) Snbr; (4) SBR; (2) Stupi*; (4) FCT, (1) CV BARROSO*; (1) PHM*; (1) NSS*; (1) NDM*; (2) Ndcc*; (1) NE*; (1) NT*; (1) NV*, (1) Edcg*; (0) NVarredores.

Dos 20 navios elencados, 11* estarão ao fim da sua vida útil operacional. Mais grave, haverá uma redução de 25 navios da Esquadra de hoje, para 20 navios da Esquadra de 2040. Seguramente esta Esquadra **não** contribuirá para a integração latino-americana, nem para o fortalecimento da Zopacas. **Nem** tampouco para manter a estabilidade regional, a paz e a segurança internacional, **nem** elevar a projeção do país no concerto das nações e a sua inserção em processos decisórios internacionais, como previstos na CF/88 e PND/20.

De outra parte, o PEM-2040 também contempla a AEN - Força Naval – 3 - obter navios de superfície para compor o Poder Naval (Prosuper e programas específicos). Nesta ação, estão previstas as obtenções de porta-aviões com capacidade de operar aeronaves de asa fixa (aviões), helicópteros e drones, navios de escolta, navios anfíbios, navio escola e navios de contramedidas de minagem. Sem essas obtenções, provavelmente de oportunidade e em quantidade aceitável, não se corrigirá a carência de meios da Esquadra de 2040, **a qual poderá limitar-se a nove navios!**

O que, efetivamente, se constituirá em **efetivo risco para o alcance dos propósitos** da CF/88, PND/20, END/20, PN/20 e do próprio PEM-2040. Em outras palavras, riscos para a Segurança Nacional. Enfatiza-se que as obtenções previstas nesta Ação Estratégica Naval 3 coincidem com as unidades em fim de vida útil operacional, em 2040.

Averiguem-se os principais **dilemas e desafios** ao Preparo do Poder Naval:

Dilemas

a) priorizar recursos e meios destinados para as atividades de Guarda-Costeira e Guarda-Fluvial e de Autoridade Marítima **ou** para os meios para a Esquadra?

b) fortalecer a Zopacas **ou** mantê-la no estado vegetativo?

c) manter a improvisação no preparo do Poder Naval **ou** seguir um Projeto de Força Naval adequado às aspirações nacionais?

d) preparar a Marinha para uso no ambiente interno **ou** no externo?

e) manter a prioridade na Estratégia Naval Operacional **ou** equilibrar com uma Estratégia para o Preparo da Força Naval?

f) manter o dilema do desenvolvimento para dentro ou para fora **ou** corrigi-lo por meio de uma Política Marítima ajustada aos novos tempos?

g) preparo significa aprestamento **ou** concepção de força?

Com respeito ao conhecimento, convém lembrar a conceituação de Viegas (1999), onde os tipos de conhecimento colocados em um plano cartesiano tendo o <u>sentimento</u> no eixo das ordenadas e a <u>razão</u> no eixo das abcissas a tipologia do conhecimento assume o formato da figura a seguir.

Figura 3.3 – Tipologia do conhecimento em função das faculdades cognitivas

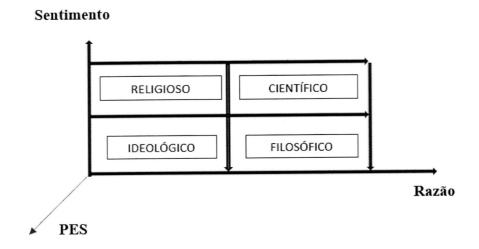

Mas, qual o significado do terceiro eixo PES? Este significa *percepção extra-sensorial*.

> Parece que os mecanismos humanos de conhecimento não se esgotam no modelo sentimento-razão, o que faz supor outras fontes poucos conhecidas. Com efeito, existem fenômenos – chamados às vezes de paranormais ou parapsicológicos – nos quais os conhecimentos se dão fora desse modelo. Ocorrem sob a forma de *insights,* de intuições, de antevisões, **de pressentimentos**. E ocorrem em todos os tipos de conhecimento (VIEGAS, 1999, p. 32 e 33, grifo nosso).

Dessa forma, esses pressentimentos obtidos durante a travessia da ponte estratégica naval nos indicam os seguintes <u>desafios:</u>

a) desenvolver a consciência marítima entre políticos, empresários, acadêmicos, governantes, diplomatas, militares e imprensa, de modo a alcançar o público em geral. Consciência Marítima está voltada para o preparo do Poder Naval adequado à situação político-estratégica do país e aos interesses nacionais, em ambiente democrático;

b) iniciar e incentivar a disseminação do ensino e da prática da Estratégia para o preparo de Força nas Escolas de Altos Estudos Militares e na comunidade Epistêmica de Defesa nas Universidades. Mais ainda, para o preparo da Defesa em ambiente democrático, com amplo respeito à Democracia.

c) acompanhar a evolução da Estratégia Naval da Índia;

d) discriminar o orçamento destinado para a Autoridade Marítima do orçamento da Força Naval;

e) eliminar as deficiências vislumbradas para a Esquadra de 2040, cumprindo o preconizado pela Ação Estratégia Naval – Força Naval - 3;

f) construir a confiança mútua entre os países integrantes da Zopacas e potências extrarregionais no Atlântico Sul;

g) oxigenar a mentalidade naval via a atenuação de influências estrangeiras descompassadas com a realidade nacional;

h) expandir os intercâmbios de pessoal naval com os países do Hemisfério Sul;

i) transferir a sede do Comando da 2ª Divisão da Esquadra para São Luís do Maranhão;

j) atualizar a PND, a END, LC97/99, a DMD, a DMN e a DOC de modo a incluir e enfatizar a Estratégia para o Projeto de Força e da Defesa em equilíbrio com a Estratégia Operacional possível;

k) ativar dois Comandos Operacionais Conjuntos, para o TOM da Zopacas e para o TOT da Amazônia, e eliminar das doutrinas e da organização militar as condições de paz e a estrutura de paz correspondentes. Só há um emprego e uma organização – a real –, para qualquer condição.

l) estender a cobertura dos sensores do Sisgaaz para o Atlântico Sul;

m) adaptar o Mansup para lançamento em terra a partir do litoral;

n) criar o Colégio de Paz e Cooperação do Atlântico Sul;

o) eliminar a securitização das novas ameaças e considerá-las como desafios e concentrar o preparo do Poder Naval nas ameaças advindas das questões ambientais e de eventuais aventuras militares de outros países.

p) adotar e evidenciar, com prudência, a postura estratégica naval tanto do ouriço, com respeito à dissuasão, quanto a da raposa, com respeito à cooperação;

q) manter a prática da Estratégia Naval operacional por meio de Estados-Maiores convencionais, notadamente os conjuntos, e habilitar grupo de especialistas civis, oriundos de setores não governamentais, e civis e militares do setor público para a prática das Estratégias para o preparo da Defesa e das Forças Naval, Terrestre e Aeroespacial.

Conclusões Parciais

Este último capítulo buscou explorar a aplicação de uma teoria importada aos condicionantes político-estratégicos nacionais para contribuir para o desenvolvimento de políticas públicas, explorando uma metodologia para a Estratégia apropriada ao preparo do Poder Naval. Sem dúvida, a abordagem está incompleta, por diversos motivos, especialmente pelo conhecimento de uma só pessoa. Todavia, em seu conteúdo ficou evidente as seguintes conclusões parciais:

- Identificou-se os principais dilemas e desafios que constituem as dificuldades para o Preparo do Poder Naval brasileiro no século XXI. Há o risco de não se contar com um Poder Naval crível, em 2040, diante das prescrições da CF/88, PND/20, END/20.

- Elegeu-se como o cerne do Poder Naval brasileiro, a **Esquadra**, ponto de chegada da travessia estratégica para o preparo do Poder Naval, com relevância para o TOM da Zopacas, no qual só a Marinha poderá conduzir as ações nesse teatro, mesmo com a participação de contingentes da Força Aérea e do Exército. Ações de natureza humanitárias e de cooperação com os países integrantes da Zona, em ambas as margens do Atlântico Sul, também contribuirão para o alcance dos fins políticos e estratégicos;

PODER NAVAL: DESAFIOS E DILEMAS

- Evitar predições detalhadas e enfatizar o papel dos fatores psicológicos e sociais nas abordagens, de acordo com a advertência de van Creveld;

- Neutralizar influências estrangeiras negativas, como advertido por Flores, preenchendo-se a referência teórica estrangeira com as condicionantes nacionais, apresentadas no primeiro capítulo;

- A Marinha de hoje possui menos de 25% dos seus navios na Esquadra. A metade (50%) é de navios-patrulha costeiro e fluvial e mais 22,83 % são de hidroceanográficos. A maioria dos navios atuais, praticamente, 73% da Armada tem pouco ou nenhum valor militar;

- Segundo os conceitos de Corbett e Scheina, a Marinha do Brasil de hoje se assemelha à uma Guarda-Costeira com anseios oceânicos;

- O Corpo de Fuzileiros Navais deve ser mantido com material atualizado, já que sua estrutura e disponibilidade[123] operacional comprovada permitirá o seu emprego em ações expedicionárias, mesmo além de 2040;

- Apesar de se contar apenas com os navios-patrulha e hidroceanográficos no litoral norte do país (3º e 4º Distritos Navais), a ativação de uma 2ª Esquadra não está prevista no PEM-2040, por motivo de prioridades face ao horizonte orçamentário. É um desafio diplomático e naval conter ameaças que comprometam a sobrevivência do todo ou parte da sociedade brasileira naquela região;

- Agir como ouriço para com as potências extrarregionais e como uma raposa para com os países integrantes da Zopacas e da América do Sul;

- Garantir a conclusão do PNM e do Prosub, em sua totalidade, incluindo o a incorporação à Esquadra do submarino convencional de propulsão nuclear, até 2040. A armadilha orçamentária de Holmes e Vego deve ser evitada, a todo custo, no âmbito da Administração Federal. Nesta questão orçamentária, concordamos com a sugestão do Almirante Mauro César em separar do orçamento da Marinha os compromissos derivados do exercício

---

[123] O CFN é composto por profissionais.

da Autoridade Marítima, a exemplo do que ocorre com a Aeronáutica, com relação ao Sistema de Controle do Espaço Aéreo Brasileiro (Sisceab), de acordo com o Livro Branco de Defesa Nacional de 2020;

- No campo cultural precisamos evoluir a mentalidade militar-naval em direção ao profissionalismo e ao aprendizado e prática da Estratégia para o Preparo de Força. O caso indiano pode servir de auxílio nessa travessia. Segundo o Professor Murilo de Carvalho, o Ministério da Defesa não dá sinais de ter se afirmado como fonte de políticas no campo da Estratégia.

Este trabalho está focado, exclusivamente, no preparo do Poder Naval. Porém, há necessidade de formulação do preparo da Defesa afim de evitar vácuo de poder no entorno estratégico. Entende-se que, sem a ativação de comandos operacionais conjuntos, será impossível corrigir este obstáculo para a concretização dos interesses e objetivos nacionais referentes à Defesa Nacional. De qualquer maneira, e sem pretensões, foram contemplados os aspectos considerados mais relevantes para o preparo do Poder Naval diante das condições políticas, econômicas, sociais, diplomáticas e estratégicas. Imperioso delinear o resultado final alcançado na conclusão.

CONCLUSÃO

Este trabalho teve como objeto central a análise d**o *preparo do poder naval brasileiro***, que tem se processado *espasmódica* e *improvisadamente*, por meio de aquisições de oportunidade, ao sabor de conjunturas internas e externas e voltada para o *emprego imediato dos meios adquiridos*. O arco temporal da investigação compreendeu o período situado entre 2008, ano em que foi publicada a Estratégia Nacional de Defesa (END) e a edição, em 2020, do Plano Estratégico da Marinha (PEM, 2020/2040).

Do ponto de vista metodológico, a abordagem foi de caráter qualitativo, ressaltando os aspectos subjetivos de fenômeno político-social e estratégico. A **proposição central da análise sustentou que, primeiro, o Brasil se encontra despreparado para contar com Poder Naval crível no século XXI e, segundo, que os responsáveis pela sua formulação, autoridades civis e militares, não contam com instrumental teórico capaz de reverter tal situação.**

Nesse sentido, procurou-se colocar em evidência os desafios e dilemas relativos ao preparo do Poder Naval. Tratou-se de análise sistemática da proposição dada, explicativa, lastreada em fontes secundárias e complementada por pesquisa em fontes primárias e entrevistas com protagonistas do tema em questão, no âmbito da Marinha, no entorno do período contemplado. Da análise deste período, partiu-se para o exame prospectivo do Plano Estratégico da Marinha 2040. A suposição foi que o trabalho acadêmico, moldado em bases sistemáticas e empiricamente amparado, pode e deve servir como meio para a formulação e/ou retificação de políticas públicas importantes, se não mesmo decisivas, para o futuro do país.

Examinou-se, no primeiro capítulo, as principais condicionantes do preparo do Poder Naval, onde foram considerados os reflexos das novas e tradicionais ameaças que incidem na Estratégia Naval e, consequentemente, no preparo e nas atribuições do Poder Naval. As conclusões parciais obtidas enfatizaram os dilemas que a Marinha, ante a magnitude das atribuições a ela confiadas e a crônica falta de recursos orçamentários, desorienta-se na busca de qual tipo Força Naval deverá prevalecer. Será a de águas costeiras ou a de águas oceânicas? A de bacias fluviais ou a de águas costeiras? A de bacias fluviais ou a de águas oceânicas? Será possível planejar-se e obter-se uma Força Naval capaz de cumprir, equilibrada e eficazmente, todas essas missões?

Salientou-se, ainda, o risco de securitização de assuntos de natureza policial e que podem levar a atitudes desproporcionais do poder naval e induzir equivocadamente o uso de força. Pôs-se em foco as dificuldades de compreensão das questões navais na Política Naval versão 2020 (PN/20), consubstanciadas no Mapa Estratégico da Marinha. Dificuldades essas que, certamente, existirão para o público civil, mas, principalmente, para as autoridades dos três poderes, o Executivo, o Judiciário e, em especial, o Legislativo. É neste último, onde, afinal, reside a soberania do país, já que nele estão representadas todas as partes ("partidos") que, nos termos legais da Constituição, compõem a nacionalidade brasileira. Sublinhou-se, em consequência, que o montante de dilemas, impasses e dificuldades só poderão ser dirimidos pelo poder político nos marcos do Estado Democrático de Direito.

No capítulo seguinte, levando-se em conta pensadores navais estrangeiros e nacionais no trato da temática, propôs-se a dispor como referencial teórico para condução da análise o texto *From Here to There - The Strategy and Force Planning Framework,* de Liotta & Lloyd. Objetivou-se contar com conjunto de conceitos e vetores teóricos capazes de guiar a análise crítica não só aos processos atinentes ao Planejamento Militar, bem como aos processos concernentes ao Planejamento Civil-Militar. Concluiu-se que as quatro tarefas básicas do Poder Naval se concentraram, atualmente, em apenas duas, o antiacesso à área marítima e à negação do uso de área marítima (A2/AD, sigla em Inglês).

O uso das marinhas depende do entendimento de governantes e do grau de desenvolvimento econômico dos países, o que impacta na opção dos tipos de navios, na habilitação do pessoal a fim de permitir o incremento das dimensões da atuação do Poder Naval. A análise chamou atenção, ainda, aos perigos de se cair na "armadilha do oficialismo doutrinário", ao transportar-se dogmas do ambiente operacional para o administrativo. Decisores no mais alto nível político e militar nem sempre conseguem formar consensos sobre a melhor Estratégia para o preparo de força que seja persistente, coerente, consistente e autossustentável ao longo da linha do tempo. A análise procurou manter-se sempre atenta, criticamente, às propostas teóricas e doutrinas produzidas pelas instituições acadêmicas de outros países, notadamente nos EUA.

O terceiro capítulo, tendo sido examinado criticamente os condicionantes emitidos pelo Estado brasileiro nos dois capítulos anteriores, centrou-se no objeto propriamente dito do exame proposto, o preparo do poder naval brasileiro, seus dilemas e desafios no século XXI, vislumbrando-os a partir da percepção do que vem acontecendo entre 2008 e 2020. Aplicando-se a moldura teórica de Liotta & Lloyd aos condicionantes político-estratégicos nacionais relativos ao preparo do Poder Naval, a título de objetividade e síntese, destaque-se apenas *duas principais conclusões e uma previsão*. A primeira indica que a Marinha busca uma "Sistemática de Planejamento de Força Naval", mas, por trás dela, existe uma "Estratégia para o preparo do Poder Naval". Acontece, entretanto, que não há familiaridade aprofundada com tais conhecimentos, familiaridade esta que precisa ser alcançada pela disseminação, estudo e prática por militares e civis, nos âmbitos da sociedade civil e do setor público. A segunda alude à necessidade de se ativar "Comandos Operacionais Conjuntos", a fim de se desenvolver uma "Estratégia para o Preparo da Defesa" ou "Estratégia Militar de Defesa". Respeitadas as peculiaridades de cada uma das três forças (Marinha, Exército e Aeronáutica), tais Comandos, em termos operacionais, reorientam o usual pensamento militar do campo interno para o imprescindível campo externo.

Por fim, a previsão: a **Esquadra de 2040 poderá ser constituída por apenas nove navios**, sendo estes cinco submarinos e quatro fragatas. Esta força Naval não estará capacitada, nem quantitativa nem qualitativamente, para cumprir os interesses e objetivos nacionais conforme declarados nos documentos que os definem, se não forem adotadas iniciativas relacionadas ao cumprimento da Ação Estratégica Naval 3 do PEM 2040, desde já.

A arquitetura da teoria geral da estratégia é a base para um eventual e exitoso Preparo da Defesa, no qual o futuro é desconhecido e nenhuma metodologia o fará menos desconhecido. Nesta, a prudência é a qualidade mais importante desse tipo de projeto; há de se estar preparado para todos os cenários possíveis, inclusive os piores. Por outro lado, sendo a Estratégia de natureza essencialmente política, ao se tentar conciliar fins, meios e métodos, dos recursos para o preparo da Defesa dependem, em última análise, da vontade política dos governantes. Não se constitui, em si, numa questão econômica, pois serão os representantes políticos da nação, no contexto do Estado Democrático de Direito, os que, afinal, decidirão sobre o futuro do país em relação ao seu lugar em um mundo volátil, incerto, ambíguo e mesmo anárquico. Cabe ao alto comando militar, bem como aos especialistas civis, com produção intelectual em nível de excelência, disponibilizar aos decisores os conhecimentos necessários capazes de lhes propiciar as melhores opções e as consequências que delas, necessariamente, derivam.

No Apêndice que se adiciona ao texto, o autor relaciona uma série de sugestões e indicações que podem servir como material de reflexão e decisão para todos os que se interessam pelo melhor preparo do Poder Naval brasileiro nas próximas décadas. O conhecimento produzido na academia, deve-se supor, não se esgota em si mesmo, numa espécie de academicismo estéril. Deve servir como fonte para a formulação/correção de políticas públicas que melhor possam atender aos interesses daqueles que são os que sustentam, nas entidades públicas, afinal, todos os gastos e despesas. O cidadão.

REFERÊNCIAS

FONTES PRIMÁRIAS

Documentos

BRASIL. Ministério da Defesa. Doutrina Militar de Defesa, Brasília, DF, 2007.

BRASIL. Ministério da Defesa. Política Nacional de Defesa (PND). Brasília, DF, 2020.

BRASIL. Ministério da Defesa. Estratégia Nacional de Defesa (END). Brasília, DF, 2020.

BRASIL. Ministério da Defesa. Livro Branco da Defesa (LBD), Brasília DF, 2020.

BRASIL. Ministério da Defesa. Livro Verde da Defesa, Brasília, DF, 2017.

BRASIL. Ministério da Defesa. Estado-Maior Conjunto das Forças Armadas. Portaria Normativa N° 84/GM-MD. 2020.

BRASIL. Ministério da Defesa. Marinha do Brasil. Doutrina Militar Naval. Estado-Maior da Armada, Brasília DF, 2017.

BRASIL. Ministério da Defesa. Marinha do Brasil. Política Naval (PN). Estado--Maior da Armada, Brasília, DF, 2020.

BRASIL. Ministério da Defesa. Plano Estratégico da Marinha (PEM 2040). Estado-Maior da Armada, Brasília DF, 2020.

CAMINHA, Herick M. *Organização e administração do Ministério da Marinha no Império*. Rio de Janeiro: Serviço de Documentação Geral da Marinha, 1986.

CAMINHA, Herick M. *Organização e administração do Ministério da Marinha na República*. Rio de Janeiro: Serviço de Documentação Geral da Marinha, 1989.

GLOBO. Ministro da Defesa endossa compromisso com a democracia. Ano XCVII, N° 32.496 de 27 de julho de 2022.

IISS, International Institute for Strategic Studies. *The Military Balance 2021*. London: Routledge, 2021.

ITAMARATY, página com nota à Imprensa sobre Mesa Redonda da ZOPACAS em Brasília, 6 e 7 de dezembro 2010.Disponível em: http://itamaraty.gov.br/sala-de-imprensa/notas-a-imprensa/mesa-redonda-da-zona-de-paz-e-cooperacao-do-atlantico-sul-zopacas-brasilia-6-e-7-de-dezembro-de-2010. Acesso em: 18 maio 2022.

Entrevistas

BARBOSA JR., Ilques. Entrevista concedida verbalmente ao autor em Novembro de 2022. (Almirante de Esquadra ex-Comandante da Marinha).

CARVALHO, Roberto de Guimarães. Entrevista concedida por escrito ao autor em Dezembro de 2022. (Almirante de Esquadra ex-Comandante da Marinha).

FERREIRA, Eduardo B.L. Entrevista concedida verbalmente ao autor em Novembro de 2022. (Almirante de Esquadra ex-Comandante da Marinha).

PEREIRA, Mauro César R. Entrevista concedida por escrito ao autor em Dezembro de 2022. (Ministro da Marinha, 1995/1998).

Arquivos

MAIA, Prado. *DNOG: uma página esquecida da história da Marinha Brasileira,* Rio de Janeiro: Serviço de Documentação Geral da Marinha, 1961.

MAIA, Prado. *"DNOG: uma página esquecida de nossa história". In: Simpósio sobre a participação do Brasil na Primeira Guerra Mundial.* Rio de Janeiro: Serviço de Documentação Geral da Marinha, 1975.

Sites consultados

http://www.jstor.org/stable/pdf/resrep0634. Acesso em: 7 jun. 2022.

https://www.brasildefato.com.br/2022/02/13/entrada-da-argentina-na-nova--rota-da-seda-levanta-desafios-sobre-integracao-regional-com-china. Acesso em: 9 jul. 2022.

https://www.defesanet.com.br/prosuper/noticia/38102/MB-%E2%80%93-AlmEsq-Ilques-apresenta-o-Plano-Estrategico-da-Marinha-. Acesso em: 20 jul. 2022.

https://www.marinha.mil.br/noticias/comando-da-forca-de-submarinos-e-
-transferido-para-o-complexo-naval-de-itaguai. Acesso em: 27 jul. 2022.

https://www.marinha.mil.br/pem2040. Acesso em: 30 jun. 2022.

https://luiscelsonews.com.br/2022/04/27/viva-a-fronape-frota-nacional-de-
-petroleiros-orgulho-do-brasil/. Acesso em: 28 jun. 2022.

https://exame.com/negocios/vale-vai-encerrar-operacoes-da-docena-
ve-m0076758/. Acesso em: 1 jul. 2022.

https://www.marinha.mil/meios_navais. Acesso em: 13 ago. 2022.

https://pt.wikipedia.org/wiki/Lista_de_aeronaves_das_Forças_Armadas_do_Brasil.
Acesso em: 13 ago. 2022.

https://www.wsj.com/articles/the-reality-behind-isaiah-berlins-fox-and-hed-
gehog-essay-1408144444. Acesso em: 18 abr. 2022.

https://www.marinha.mil.br/om/centro-de-inteligencia-da-marinha. Acesso
em: 14 nov. 2022.

https://marinha.mil.br/sites/default/files/execuçao-orcamentaria-finaceira-2021.
pdf. Acesso em: 6 jul. 2022.

GOMES JR. *Interferências Extra regionais na ZOPACAS*. Rio de Janeiro: ESG,
2020. Disponível em: https://repositorio.esg.br/bitstream/123456789/1167/1/
CAEPE.43%20TCC%20VF.PDF Acesso em: 13 ago. 2022.

FONTES SECUNDÁRIAS

Literatura Citada

ACIOLY, Luciana; MORAES, Rodrigo F. (org.). *Prospectiva, Estratégias e Cenários
Globais: visões de Atlântico Sul, África Lusófona, América do Sul e Amazônia.* Brasília:
IPEA, 2011.

ALMEIDA, Francisco E. A. Brazilian Strategic Thought from 1822 to the Present"
In: ALMEIDA, Francisco E. A. *Introdução à História Marítima Brasileira,* Rio de
Janeiro: Serviço de Documentação Geral da Marinha, 2006.

ALMEIDA, F.E.; RIBEIRO, A.S.; MOREIRA, W.S. *The Influence of Sea Power upon
the Maritime Studies.* Rio de Janeiro: Letras Marítimas, 2022

ALSINA JR., João Paulo Soares. *Rio Branco: Grande Estratégia e o Poder Naval.* Rio de Janeiro: Editora FGV, 2015.

ALSINA JR., João Paulo Soares. *Ensaios de Grande Estratégia Brasileira.* Rio de Janeiro: FGV, 2018.

ALSINA JR., João Paulo Soares. *Política Externa e Política de Defesa no Brasil: Síntese Imperfeita.* Brasília: Câmara dos Deputados, Coordenação de Publicações, 2006.

ALSINA JR., João Paulo Soares. *Política Externa e Poder Militar no Brasil.* Rio de Janeiro: Editora FGV, 2009.

ANDERSON, Perry. *Passagens da Antiguidade ao Feudalismo.* São Paulo: UNESP, 2016-A.

ANDERSON, Perry. *Linhagens do Estado Absolutista.* São Paulo: UNESP, 2016-B.

ARARIPE, Luiz de Alencar. "A Primeira Guerra Mundial" *In:*MAGNOLI, Demétrio (org.). *História das Guerras,* São Paulo: Contexto, 2006.

BARTLETT, Henry C.; HOLMAN, Paul; SOMES, Timothy E. The Art of Strategy and Force Planning. *US Naval War College Review*: Vol. 48, No. 2, p. 114 – 126, Spring 1995.

BAUMAN, Zygmunt e BORDONI, Carlo. *Estado de Crise.* Rio de Janeiro: Zahar, 2016.

BÉLI, B.; DZIUBA, J. *A Doutrina Marxista-Leninista sobre a Guerra e o Exército.* Moscou: Progresso, 1978.

BOBBIO, Norberto; MATTEUCCI, Nicola; PASQUINO, Gianfranco. *Dicionário de Política.* Brasília, Universidade de Brasília, Linha Gráfica, 1991.

BOOTH, Ken. *Aplicação da Lei, da Força & Diplomacia no Mar.* Rio de Janeiro: Serviço de Documentação Geral da Marinha, 1989.

BRAGA, Cláudio da C. *1910 o Fim da Chibata: Vítimas ou Algozes.* Rio de Janeiro: Edição do Autor, 2010.

BUZAN, Barry. *People, States & Fear.* Boulder, Colorado, USA: Lynne Rienner, 1991

CALDEIRA, Jorge, *Mauá: Empresário do Império.* Rio de Janeiro: Companhia das Letras, 1995.

CAMINHA, João C. G. *Delineamentos da Estratégia.* Rio de Janeiro: Serviço de Documentação Geral da Marinha, 1980.

CARVALHO, José Murilo de. *As Forças Armadas e Política no Brasil*. 2ª Ed. São Paulo: Todavia, 2019.

CARVALHO, J.R; NUNES, R.C. "A ZOPACAS no contexto da geopolítica do Atlântico Sul: história e desafios atuais." *Revista Perspectiva, vol. 7, nº 13*.2014, p. 83 a 102.

CERVO, Amado Luiz. *Inserção Internacional: formação dos conceitos brasileiros*. São Paulo: Saraiva, 2008.

CLAWSEWITZ, C. *Da Guerra*. São Paulo: Martins Fontes, 1979.

CORBETT, J. *Some Principles of Maritime Strategy*. Londres: Longmans Green, 1911.

CREVELD, Martin. *The Training of Officers: From Military Professionalism to Irrelevance*. Londres: Collier Macmillan, 1990.

CREVELD, Martin. *A History of Strategy: From Sun Tzu to William S. Lind*. Kouvola, Finland: Castalia House, 2015.

CREVELD, Martin. *Seeing Into the Future: A Short History of Prediction*. Londres: Reaktion, 2020.

COKER, Christopher. *Humane Warfare*. New York: Routledge, 2002.

DARC, Costa. *Fundamentos para o Estudo da Estratégia Nacional*. Rio de Janeiro, Paz e Terra, 2009.

DIXON, Norman F. *A Psicologia da Incompetência Militar*. Lisboa: Dom Quixote, 1977.

EPICHEV, A. *Alguns Aspectos do Trabalho Político no Seio das Forças Armadas Soviéticas*. Voeznidat, Rússia: Progresso, 1973.

FIGUEIREDO, Eurico de Lima. "Os Estudos Estratégicos, a Defesa Nacional e a Segurança Internacional" *In:* LESSA, Renato (org.) *Horizontes das Ciências Sociais, a Ciência Política*, Petrópolis, Vozes, 2010.

FIGUEIREDO, Eurico de Lima. - "Estudos Estratégicos como Área de Conhecimento Científico", *Revista Brasileira de Estudos de Defesa*, vol. 2, nº 2, Jul/Dez 2015-A, p. 107/127.

FIGUEIREDO, Eurico de Lima. *Pensamento Estratégico Brasileiro*. Rio de Janeiro: Editora Luzes - Comunicação Arte & Cultura, 2015-B

FIGUEIREDO, Eurico de Lima. *O Estado e os Militares*. Seminário "Estado e Sociedade" do Núcleo de Pós-graduação e Pesquisa do Instituto Metodista Bennett. Rio de Janeiro, 2004.

FIGUEIREDO, Eurico de Lima. "Marxismo e Liberdade Acadêmica" *In:* PAIM, Antônio *Liberdade Acadêmica e Opção Totalitária*. Rio de Janeiro, Artenova, 1979.

FLORES, M.C. O Preparo da Marinha dos Próximos 10 a 30 Anos- Dúvidas, Sugestões e Comentários. Revista Marítima Brasileira. Vol. 108, n° 1/3. Rio de Janeiro, Serviço de Documentação Geral da Marinha, *1988*.

GADDIS, J. L. *On Grand Strategy*. New Haven, USA: Penguin, 2018.

GADDIS, J. L. *A Guerra Fria*. 2ª ed. Lisboa: Edições 70, 2021.

GERHARDT, Tatiana E.; SILVEIRA, Denise T (org.). *Métodos de Pesquisa*. Porto Alegre: UFRGS, 2009.

GLÓTOCHKINl, A. *Psicologia Y Pedagogia Militares*. Moscou: Progresso, 1987.

GRAY, Chris H. *Post Modern War: The New Politics of Conflict*. Londres: Routledge, 1997.

GRAY, Colin S. *The Strategy Bridge: theory and practice*. Oxford, UK: Oxford University Press, 2010.

GRAY, Colin S. *Perspectives on Strategy*. Oxford, UK: Oxford University Press, 2013.

GRAY, Colin S. *Strategy & Defence Planning: Meeting the Challenge of Uncertainty*. Oxford, UK: Oxford University Press, 2014.

GRAY, Colin S. *Defense Planning for National Security: Navigation Aids for the Mystery Tour*. Carslile, USA: US Army War College Press, 2014.

GROVE, Eric. *The Future of Sea Power*. Annapolis, USA: Naval Institute, 1990.

GUIMARÃES, Samuel Pinheiro. *Desafios Brasileiros na Era dos Gigantes*. Rio de Janeiro: Contraponto, 2005.

HUNTINGTON, Samuel P. *O Soldado e o Estado: Teoria e Política das Relações entre Civis e Militares*. Rio de Janeiro: Biblioteca do Exército, 1996.

HOLMES, James R.; WINNER Andrew C.; YOSHIHARA, Toshi. *Indian Naval Strategy in the Twenty-first Century*. Londres: Routledge, 2010.

IGNATIEFF, Michael. *Isaiah Berlin, uma vida*. Rio de Janeiro: Record, 2000.

KALDOR, Mary. *New and Old Wars: Organized Violence in a Global Era*. 3rd ed., Stanford, USA: Stanford University, 2019.

KAGAN, Donald. *A Guerra do Peloponeso: novas perspectivas sobre o mais trágico conflito da Grécia antiga*. Rio de Janeiro: Record, 2006.

LEITÃO, Míriam "Crise Fiscal e Desafio Militar" *In:* PINTO, J. R.; ROCHA; A.J. SILVA, R. Doring (org.). *Desafios na Atuação das Forças Armadas*. Brasília: Ministério da Defesa, Secretaria de Estudos e de Cooperação, 2005.

LIOTTA, P. H. and LLOYD, Richmond M. "From Here to There – The Strategy and Force Planning Framework." *Naval War College Review:* Vol. 58: No. 2, Article 7, 2005.

MAHAN, A. T. *The Influence of Seapower Upon History, 1661-1783*. Nova Iorque: Barnes & Noble, 2004

MARQUES, L. Brazil, the legacy of slavery and environmental suicide. *In:* FURTADO P. *Histories of Nations*. Londres: Thames & Hudson, 2017

MARTINS FILHO, João R. *A Marinha Brasileira na Era dos Encouraçados: Tecnologia, Forças Armadas e Política*. Rio de Janeiro: FGV, 2010.

MATHIAS, Suzeley K. "Brasil: interesse nacional e "novas ameaças". *In:* SOARES, Samuel A. e MATHIAS, Suzeley K *et al.* (org.). *Novas Ameaças: Dimensões e Perspectivas – Desafios para a Cooperação em Defesa entre Brasil e Argentina*. São Paulo: Sicurezza, 2003.

MORGERO, Carlos A. de F. Desafios para o Nível Operacional na Defesa do Atlântico Sul. *In:* VIII ENABED: *Defesa e Segurança do Atlântico Sul*. WINAND, Érica; RODRIGUES, Thiago; AGUILLAR, (org.). São Cristóvão: Editora UFS, 2016.

NEVES, André L.V. Atlântico Sul: Projeção Estratégica do Brasil para o Século XXI. *In:* GHELLER, Gilberto; GONZALES, Selma; e MELO, Laerte (org.). *Amazônia e Atlântico Sul: Desafios e Perspectivas para a Defesa no Brasil*. Brasília: IPEA/NEP, 2015.

PENNA FILHO, Pio. Reflexões Sobre o Brasil e os Desafios do Atlântico Sul no início do Século XXI. *In:* GHELLER, Gilberto; GONZALES, Selma; e MELO, Laerte (org.). *Amazônia e Atlântico Sul: Desafios e Perspectivas para a Defesa no Brasil*. Brasília: IPEA/NEP, 2015.

PERLA, Peter P. *The Art of Wargaming*. Maryland, USA: US Naval Institute Press, 1990.

PESCE, Eduardo I. *"De Costas para o Brasil": A Marinha Oceânica do Século XXI*. Rio de Janeiro: E.I. Pesce, 2002.

RAZA, Salvador G. *Sistemática Geral de Projeto de Força: Segurança, Relações Internacionais e Tecnologia*. (Tese de Doutorado em Concepção de Arranjos Bélicos). COPPE da Universidade Federal do Rio de Janeiro, Rio de Janeiro, 2000.

SAINT-PIERRE, Héctor L; VITELLI, Marina G. *Dicionário de Segurança e Defesa*. São Paulo: Unesp, 2018.

SCHEINA, Robert L. *Latin America: A Naval History 1810-1987*. Annapolis, Maryland, USA: US Naval institute Press, 1987.

SILVA, Antonio Ruy. A. *A Diplomacia de Defesa na Política Internacional*. Porto Alegre: Palmarinca, 2018.

SILVA, Antonio Ruy. A. Reflexos da Geopolítica Global no Atlântico Sul. *Revista Marítima Brasileira*, vol. 142, n. 04/06. Rio de Janeiro, Serviço de Documentação Geral da Marinha, 2022.

SILVA, Guilherme e GONÇALVES, Williams. *Dicionário de Relações Internacionais*. Barueri, SP: Manole, 2005.

SOARES, Samuel A; MATHIAS, Suzeley (org.) *et al. Novas Ameaças: Dimensões e Perspectivas – Desafios para a Cooperação em Defesa entre Brasil e Argentina*. São Paulo: Sicurezza, 2003.

SODRÉ, Nelson Werneck. *História Militar do Brasil*. 3ª. ed. Rio de Janeiro: Civilização Brasileira,1979.

SOUZA, Isabela G. O Estigma da Energia Nuclear na Defesa Nacional: a ZOPACAS e a Declaração de Luanda de 2007, *In:* Agência Brasileira de Estudos de Defesa. Disponível em http://abed-defesa.org/page4/page7/pag23/files/FCorrea-IBaptista-JCabrera.pdf. Acesso em: 20 set. 2022.

TILL, Geoffrey. *SEAPOWER: A Guide for the Twenty-First Century*. 4ª ed. Londres: Routledge, 2018.

TUCÍDIDES. *História da Guerra do Peloponeso Livro I*. 2ª ed. São Paulo, Martins Fontes, 2008.

VEGO, Milan. *Maritime Strategy and Sea Denial: Theory and Practice*. Londres: Routledge, 2019.

VIANNA FILHO, Arlindo. *Estratégia Naval Brasileira*. Rio de Janeiro: Bibliex, 1995.

VIANNA, Hélio. *História do Brasil*. São Paulo: Melhoramentos, 1977

VIDIGAL, Armando A. F. *Evolução do Pensamento Estratégico Naval Brasileiro*. Rio de Janeiro: Bibliex, 1985.

VIEGAS, Waldyr. *Fundamentos de Metodologia Científica*. 2ª ed. Brasília: Paralelo 15, Editora Universidade de Brasília, 1999.

VINHOSA, Francisco Luiz Teixeira - *O Brasil e a Primeira Guerra Mundial*. Rio de Janeiro: Instituto Histórico e Geográfico Brasileiro, 1990.

YARGER, Harry R. *Strategy and the National Security Professional: Strategic Thinking and Strategy Formulation in the 21st Century*. Londres: Praeger Security, 2008.

WILLS, Steven T. *STRATEGY SHELVED: The collapse of Cold War Naval Strategic Planning*. Annapolis, USA: Naval Institute, 2021.

WINAND, Érica; RODRIGUES, Thiago; AGUILLAR, (org.). (VIII ENABED): *Defesa e Segurança do Atlântico Sul*. São Cristóvão: Editora UFS, 2016.

APÊNDICE

Este apêndice contém um conjunto de indicações, sugestões e comentários que podem ser uma possível contribuição para políticas públicas voltadas para o melhor preparo do Poder Naval do Brasil, em particular, e da sua concepção estratégica, em geral. Resultam não só de 41 anos como Oficial de Marinha, mas também da curiosidade que me instigou a leituras e reflexões que, se fizeram parte do cotidiano do autor não só durante o percurso de sua trajetória profissional, ganharam, durante seu Curso de Mestrado no Inest/Uff, intensidade, extensividade e sistematicidade nos marcos do trabalho acadêmico.

> I – A correção das deficiências históricas do preparo do Poder Naval no Brasil exigirá evitar improvisações e, para isso, preparar civis e oficiais de Marinha, do Exército e da Aeronáutica para aprender e executar a imprescindível Estratégia para o preparo de Força e continuar com o estudo e a prática da Estratégia Naval operacional. Ainda mais, com respeito aos processos democráticos. Assim, deve se tornar menos difícil adquirir um pensamento estratégico-naval próprio, uma cultura naval independente, à exemplo do que pretende países que estão destinados assumir crescente protagonismo internacional até a metade deste século, como a Índia.

Os almirantes Vidigal e Flores, estudiosos dotados de vigorosa formação intelectual, comentaram que o preparo de uma força naval não se limita aos aspectos materiais e orçamentários, mas, principalmente, ao preparo do pessoal. Imperiosa é necessidade de se oxigenar mentes e evitar a força conservadora de conceitos e modelos estrangeiros. E talvez, possivelmente, atenuar o "fascínio" exercido pela Marinha dos EUA entre nós.

> II – Equilibrar o uso da Marinha e evitar a distorção apresentada na Figura 3.2;
>
> III – Tomar a Índia como referência a ser acompanhada não se limita aos elementos mahanianos de posição geográfica e conformação física. O Índico, à semelhança do Atlântico Sul, é usado pelas mesmas potências extrarregionais e

com maior intensidade pela China. A Ilha de Diego Garcia cumpre o mesmo propósito da Ilha de Ascensão e tem maior significado militar para os EUA. O país de Gandhi compartilha com o Brasil uma mentalidade terrestre, mas com uma maior disparidade entre o Exército e a Marinha do que no Brasil. A atitude estratégica naval da Marinha indiana é cooperativa e diplomática, da mesma natureza que a prevista na DMN/2017 e, igualmente, busca amenizar a dependência tecnológica estrangeira do material naval;

IV — Reexame na escolha de vetores teóricos que possam balizar o preparo adequado do Poder Naval. Nesta pesquisa, identificou-se materiais de Grove, Booth, Gray, Bartlett e a síntese de Liotta & Lloyd, que se constituíram nos alicerces teóricos do trabalho, especialmente, a moldura desses últimos pensadores adaptada às condições nacionais. Não esquecendo de Milan Vego por tratar a Estratégia Naval do ponto de vista dos mais fracos. Será que o país será capaz e contar com mentalidade estratégica e produzir um vetor teórico estratégico nacional? Base já se tem, com a constituição do que o professor Eurico de Lima Figueiredo denomina de "complexo acadêmico de Defesa" assentado na cooperação franca e leal entre as universidades e as Escolas de Altos Estudos Militares, com seus programas de pós-graduação;

V – A análise dos condicionantes nacionais para o preparo do Poder Naval precisa ser contínua e regenerativa. Ao se atualizar documentos como a PND, END, Lbdn, PN e EN, os seus autores precisam estar conscientes de que estão interferindo na Estratégia para o Projeto de Força. De outra forma, não se ultrapassará a armadilha do oficialismo doutrinário;

VI - Com exceção do PEM-2040, os demais documentos condicionantes de alto nível não abordam a Estratégia para o Projeto de Força no Brasil! Este é um desafio a ser enfrentado o mais cedo possível e no mais alto nível dos Poderes da República. Impõe-se evitar o equívoco de interpretação da expressão "preparo de força" não como <u>aprestamento da força existente,</u> mas, sim, com a <u>concepção</u> de força necessária aos fins escolhidos em futuro previsível;

VII - Um desafio a ser enfrentado é a ausência de Comandos Operacionais Conjuntos ativados permanentemente a exemplo do Comdabra. Nos conflitos modernos, não há tempo de reação disponível para mobilização e passar de uma estrutura militar de paz para outra de conflito armado.

Impõe-se a ativação permanente de, em princípio, dois Comandos Operacionais Conjuntos, um destinado ao TOM da Zopacas, ou TOM do Atlântico Sul, e outro para o TOT da Amazônia. Principalmente pela razão desses Comandos poderem vir a ser capazes de prever, antecipadamente, as necessidades futuras das suas forças constituintes (do Exército, da Marinha e da Aeronáutica), com base na evolução de cenários de suas respectivas áreas de responsabilidade. Quem sabe, fornecer dados para uma futura Estratégia Militar de Defesa;

VIII - Estender a capacidade do Sisgaaz para todo o Atlântico Sul, e consolidar o projeto do Mansup embarcado e adaptá-lo para lançamento em terra, a partir do litoral. São iniciativas tecnológicas que contribuirão para a dissuasão no Atlântico Sul, tanto no acesso às aproximações marítimas à Amazônia, quanto atenuar a dependência estrangeira do material de emprego militar;

IX – A ativação de uma Segunda Esquadra, por motivo das desventuras vividas no Brasil, especialmente a partir de 2019, dificultarão as disputas orçamentárias para a Defesa com outros setores da União. Entretanto, uma medida paliativa, seria a transferência da sede do Comando da 2ª Divisão da Esquadra para São Luís do Maranhão, explorando as facilidades existentes na Capitania dos Portos daquele Estado. Tal medida poderá auxiliar no acompanhamento da evolução da situação político-estratégica a partir da vertente norte do litoral e prever ações contra alvos estratégicos nessa área de responsabilidade. Será esta uma alternativa ou um passo realista rumo à ativação de uma Segunda Esquadra?

X - As ações do Poder Naval ocorrem usualmente no mar, porém os seus reflexos se voltam para as mentes de quem está em terra. Portanto, alternativas podem ser usadas para acessar o pensamento naval das Marinhas parceiras no Atlântico Sul. A criação da Escola de Defesa Sul-Americana (Edsa), em 2014, foi um passo importante neste rumo, mas, a partir do governo Temer, o Brasil refluiu no seu apoio à iniciativa. Um Colégio de Paz e Cooperação do Atlântico Sul, aproveitando-se das instalações da atual Escola de Aprendizes Marinheiros de Pernambuco e das facilidades hospitalares e residenciais da Marinha, já existentes naquele Estado, poderia ser uma política de iniciativa brasileira, atuando em consonância com a reciclagem e apoio do país à Edsa;

XI - O Poder Naval, hoje, se expressa em cinco dimensões: espacial, aérea, superfície, submarina e cibernética. Essas expressões nas cinco dimensões precisam ser equilibradas para a constituição de um Poder Naval eficaz em proveito dos objetivos nacionais. A Esquadra de 2040 apresentada acima, sem adaptações, evidencia um desequilíbrio em favor da dimensão submarina e que, imagina-se, não deverá ser limitada a apenas um submarino de propulsão nuclear, por diversas razões que não cabe aqui detalhar. O Mapa Estratégico da Marinha também não contribui para o entendimento desses aspectos no meio civil, fora da Marinha. É desejável equilibrar as expressões da Marinha nos cinco ambientes e redigir documentos de alto nível naval voltados para o ambiente extra Marinha;

XII - A identificação de ameaças tradicionais e neotradicionais (ou novas ameaças) não deve ser confundida com os problemas relacionados com ilícitos transnacionais ou com a Segurança Pública. Vários autores alertam para o desvio das funções militares ao se preparar uma Força Armada para outros fins, notadamente os de caráter policial. Onde não existe Guarda-Costeira os marinheiros assumem, naturalmente, essas tarefas como bélicas e corre-se o risco da securitização indevida dessas atividades, o que pode implicar reações desproporcionais de força por esses militares. Ameaça à integridade da nação ou de parte dela está limitada a duas origens. A primeira, decorrentes de questões ambientais, como as mudanças climáticas, e, a segunda, decorrentes de aventuras militares, como em toda a História. A Guerra na Ucrânia é um exemplo vivo desse último tipo.

XIII - As atribuições da Marinha como Autoridade Marítima e Guarda-Costeira e Guarda-Fluvial trazem implicações orçamentárias desfavoráveis e um dilema para o preparo do Poder Naval. Há de se priorizar a Esquadra e os compromissos com o TOM da Zopacas. Nesse sentido, priorizar a Esquadra contribui diretamente para os propósitos constitucionais de estabelecer uma comunidade latino-americana de nações; autodeterminação dos povos; não intervenção; igualdade entre os Estados; defesa da paz; solução pacífica dos conflitos; repúdio ao terrorismo e ao racismo; cooperação entre os povos para o progresso da humanidade. O dilema de fortalecer a Zopacas ou mantê-la em estado vegetativo também pode ser resolvido pela priorização da Esquadra no preparo do Poder Naval;

XIV – Evitar que a Esquadra de 2040 venha se limitar a nove navios. Realizar a AEN – FORÇA NAVAL - 3, com presteza;

XV - Este estudo focou o preparo do Poder Naval. Existe uma Política Nacional de Defesa e uma Estratégia Nacional de Defesa elaboradas, talvez, por poucos e desconhecidas pelas elites, mas muito pouco pelo público em geral. Entretanto, as fragilidades dessas iniciativas são bem conhecidas pelas Forças Armadas, os agentes principais da defesa "em carne e osso" e pelo denominado "complexo acadêmico de defesa" delas têm ciência. Haverá de se ter, então, de um lado, políticas públicas voltadas para a conscientização das questões relativas à Defesa Nacional por parte da sociedade em geral, e, por outro, de políticas públicas voltadas para a criação de mecanismos de interlocução institucional entre os poderes da República, as Forças Armadas e o referido "complexo acadêmico de defesa", no que diz respeito ao planejamento da Defesa. Sua execução é permanente, mas envolve conhecimentos da História, das Relações Internacionais, dos Estudos Estratégicos, da Ciência Política, da Geopolítica, das Ciências Militares, entre outras. Há necessidade de se estabelecer uma nova Estratégia Militar de Defesa assentada nos conhecimentos obtidos pela Ciência.

ANEXO

ENTREVISTA DO ALMIRANTE MAURO CÉSAR RODRIGUES PEREIRA EX – MINISTRO DA MARINHA

PERGUNTAS DO ALMIRANTE NIGRO

1. **O Sr. Vislumbra uma Cultura Naval Brasileira? Há influências exteriores?**

Sem dúvida há uma cultura naval brasileira vinda da herança portuguesa, dos primórdios de nossa independência, que muito dependeu da esfera naval para manter o território unido e da necessária atividade marítima na ligação dos pontos distantes de nosso território.

Tal cultura, contudo, foi-se afastando de um sentimento da sociedade em geral adotando, cada vez mais, a característica do povo brasileiro de não ter a visão estratégica que permita, de modo amplo, o encaminhamento de nossas ações com vistas ao futuro e à solução dos problemas correntes.

Mesmo a parcela da sociedade que mantem atenções para o mar, em boa parte, limita suas preocupações aos aspectos ligados às ações da Autoridade Marítima, sem alcançar o verdadeiro valor do que é naval, seguimento essencialmente voltado aos problemas de defesa no mar.

A união desses dois aspectos na estruturação da Marinha, novamente herdado dos portugueses, algo que não é o comum entre as maiores potências navais, não prejudicaria a nossa Força Naval, que a adota com os devidos cuidados, embora possa afetar mais fortemente o alheamento já apontado da sociedade em relação à visão de Defesa.

Especificamente atentando à forma em que a pergunta foi formulada, os responsáveis por desenvolver a Cultura Naval sabem, indubitavelmente, como proceder, embora sofram com as constantes limitações impostas pela Sociedade desatenta. Não recebem propriamente influências do exterior, mas observam constantemente o que ocorre mundo afora, buscando minimizar nossas limitações.

2. Quais as principais dificuldades para estabelecer um Projeto/Planejamento de Força para a Marinha?

A dificuldade dominante que temos advém do que foi comentado acima, porquanto a falta de visão da sociedade e, em decorrência, da classe política que a representa, limita radicalmente o reconhecimento das verdadeiras necessidades e, portanto, dos recursos necessários para a realização de um Projeto de maior alcance.

Não há, inclusive, o reconhecimento da dupla responsabilidade da Marinha, qual seja a Defesa Naval e o desempenho como Autoridade Marítima. Os meios colocados a sua disposição para o cumprimento de suas tarefas são, então, considerados como se aplicados exclusivamente em proveito da Força Naval.

A limitação dos recursos e até a imprevisibilidade de sua alocação acarretam, também, a grande dificuldade no estabelecimento de uma Base Industrial de Defesa que implica demasiadamente na elaboração de Projetos de Defesa.

Falando de aspectos relativos a orçamentos reduzidos é conveniente mencionar que, com frequência, são feitos comentários sobre a impossibilidade de dar mais recursos para a Defesa porquanto os valores alocados a isto no orçamento federal competem com aqueles destinados a Educação e Saúde e não podem ser acrescidos. Tal comparação, entretanto, não analisa que Defesa só existe no orçamento federal, enquanto Saúde e Educação têm valores significativos alocados nos orçamentos estaduais, municipais, das empresas e familiares, além do federal.

A falta de visão da sociedade sobre os aspectos de Defesa também prejudica com a afirmação, até comum, de que "não temos Inimigos a enfrentar e vencer" e assim não necessitamos estar preparados para os vencer. A concepção brasileira, inclusive expressa em sua Constituição, é de não agredir a ninguém, o que não significa não estarmos preparados para dissuadir quaisquer tentativas que eventualmente nos venham trazer danos ou nos subjugar. Tal preparo necessita ser constante, pois nada pode ser improvisado ou criado após a ocorrência de uma emergência.

Ressalvadas as dificuldades acima mencionadas, os responsáveis pela elaboração do Planejamento da Marinha têm condições de preparar os Projetos de Força que sejam viáveis de execução.

3. Tarefas atribuídas à Marinha em águas interiores/ marrons/ azuis implicam dilemas para a Administração Naval?

Conforme explicitamente comentado acima, tais tarefas são tradicionalmente atribuídas à Marinha e não podem ser consideradas um dilema.

Considerando que tanto tais tarefas do âmbito da Autoridade Marítima, como as de Defesa Naval são necessárias e imprescindíveis ao país, seu exercício por uma mesma entidade pode acarretar significativa economia de meios, principalmente por utilização da mesma estrutura de apoio logístico e até, em certas circunstâncias, pela interoperacionalidade de alguns de seus meios de ação.

Contudo, se a sociedade não entender que são duas atividades distintas e, consequentemente, prover os meios de custeio a ambas as estruturas individualmente, haverá dificuldades de larga monta como já foi mostrado anteriormente.

Uma forma passível de resolver o assunto seria considerar o orçamento para a Defesa Naval inserido no orçamento do Ministério da Defesa, inclusive facilitando a comparação com os destinados à Defesa Terrestre e Defesa Aérea enquanto, em separado, existir um orçamento para a Autoridade Marítima.

Nota final

Relembro que a Autoridade Marítima e suas atribuições são definidas em Convenções Internacionais, ratificadas pelo Brasil, incorporando-se, assim, à legislação brasileira e que a definição da Marinha do Brasil como Autoridade Marítima é estabelecida em Lei Complementar à nossa Constituição.

O cumprimento, pelo Brasil, das estipulações da Convenção da Jamaica assegura-nos direitos às águas e à plataforma continental submersa em frente ao nosso território continental ou em torno de ilhas oceânicas ocupadas, somando área superior a mais da metade da área continental. Tal área, que não tem habitantes como no continente, é de responsabilidade básica da Autoridade Marítima.

Para permitir maior facilidade do sentimento pela sociedade brasileira sobre esta área, houve a feliz ideia de denominá-la como Amazônia Azul, pois é comparável à Amazônia, embora de maiores dimensões, com uma biota mais vasta e de maior contribuição para a preservação atmosférica.

As atribuições da Autoridade Marítima sobre tal área são acrescidas, em razão da mesma natureza das funções, por milhares de quilômetros de rios navegáveis no continente, tal como o Amazonas, já até chamado de Rio Mar e, também, pela responsabilidade de prestar Socorro e Salvamento marítimo não só na Amazônia Azul, como bem além desta área, por força de Tratados Internacionais.